全国高等美术院校建筑与环境艺术设计专业规划教材

画法几何与阴影透视

从绘图到设计

中央美术学院　主编

钟　予　编著

中国建筑工业出版社

图书在版编目(CIP)数据

画法几何与阴影透视　从绘图到设计/中央美术学院主编；钟予编著. —北京：中国建筑工业出版社，2008
全国高等美术院校建筑与环境艺术设计专业规划教材
ISBN 978-7-112-10402-4

Ⅰ.画… Ⅱ.①中…②钟… Ⅲ.①画法几何-高等学校-教材②建筑制图-透视投影-高等学校-教材　Ⅳ.O185.2　TU204

中国版本图书馆CIP数据核字(2008)第152688号

责任编辑：唐　旭　李东禧
责任设计：董建平
责任校对：刘　钰　关　健

全国高等美术院校建筑与环境艺术设计专业规划教材
画法几何与阴影透视
从绘图到设计
中央美术学院　主编
钟　予　编著

*

中国建筑工业出版社出版、发行(北京西郊百万庄)
各地新华书店、建筑书店经销
北京天成排版公司制版
廊坊市海涛印刷有限公司印刷

*

开本：880×1230毫米　1/16　印张：8　字数：260千字
2008年11月第一版　2019年1月第六次印刷
定价：**26.00**元
ISBN 978-7-112-10402-4
　　　(17326)

版权所有　翻印必究
如有印装质量问题，可寄本社退换
(邮政编码100037)

全国高等美术院校
建筑与环境艺术设计专业规划教材

总主编单位：
中央美术学院
中国美术学院
西安美术学院
鲁迅美术学院
天津美术学院
四川美术学院
广州美术学院
湖北美术学院
清华大学美术学院
上海大学美术学院
中国建筑工业出版社

总主编：
吕品晶　张惠珍

编委会委员：
马克辛　王海松　吴昊　苏丹　邵建　赵健
黄耘　傅祎　彭军　詹旭军　唐旭　李东禧
（以上所有排名不分先后）

《画法几何与阴影透视　从绘图到设计》
本卷主编单位： 中央美术学院
　　　　　　　钟予　编著

总　序

缘起

《全国高等美术院校建筑与环境艺术设计专业实验教学丛书》已经出版十余册，它们是以不同学校教师为依托的、以实验课程教学内容为基础的教学总结，带有各自鲜明的教学特点，适宜于师生们了解目前国内美术院校建筑与环境艺术设计专业教学的现状，促进教师对富有成效的特色教学进行理论梳理，以利于取长补短，共同进步。目前，这套实验教学丛书还在继续扩展，期望覆盖更多富有各校教学特色的各类课程。同时对那些再版多次的实验丛书，经过原作者的精心整理，逐步提炼出课程的核心内容、原理、方法和价值观编著出版，这成为我们组织编写《全国高等美术院校建筑与环境艺术设计专业规划教材》的基本出发点。

组织

针对美术院校的规划教材，既要对学科的课程内容有所规划，更要对美术院校相应专业办学的价值取向做出规划，建立符合美术院校教学规律、适应时代要求的教材观。规划教材应该是教学经验和基本原理的有机结合，以学生既有的知识与经验为基础，更加贴近学生的真实生活，同时，也要富含、承载与传递科学概念、方法等教育和文化价值。十所美术院校与中国建筑工业出版社在经过多年的合作之后，走到一起，通过组织每年的各种教学研讨会，共同为美术院校建筑与环境艺术设计专业的教材建设做出规划，各个院校的学科带头人们聚在一起，讨论教材的总体构想、教学重点、编写方向和编撰体例，逐渐廓清了规划教材的学术面貌，具有丰富教学经验的一线教师们将成为规划教材的编撰主体。

内容

与《全国高等美术院校建筑与环境艺术设计专业实验教学丛书》以特色教学为主有所不同的是，本规划教材将更多关注美术院校背景下的基础、技术和理论的普适性教学。作为美术院校的规划教材，不仅应该把学科最基本、最重要的科学事实、概念、原理、方法、价值观等反映到教材中，还应该反映美术学院的办学定位、培养目标和教学、生源特点。美术院校教学与社会现实关系密切，特别强调对生活现实的体验和直觉感知，因此，规划教材需要从生活现实中获得灵感和鲜活的素材，需要与实际保持紧密而又生动具体的关系。规划教材内容除了反映基本的专业教学需求外，期待根据美院情况，增加与社会现实紧密相关的应用知识，减少枯燥冗余的知识堆砌。

使用

艺术的思维方式重视感性或所谓"逆向思维"，强调审美情感的自然流露和想象力的充分发挥，对于建筑教育而言，这种思维方式有助于学生摆脱过分的工程技术理性的约束，在设计上呈现更大的灵活性和更加丰富的想象，以至于在创作中可以更加充分地体现复杂的人文需要，并且在维护实用价值的同时最大程度地扩展美学追求；辩证地运用教材进行教学，要强调概念理解和实际应用，把握知识的积累与创新思维能力培养的互动关系，生动有趣、联系实际的教材对于学生在既有知识经验基础上顺利而准确地理解和掌握课程内容将发挥重要作用。

教材的使命永远是手段，而不是目的。使用教材不是为照本宣科提供方便，更不是为了堆砌浩瀚无边的零散、琐碎的知识，使用教材的目的应该始终是让学生理解和掌握最基本的科学概念，建立专业的观念意识。

教材的使用与其说是为了追求优质的教学效果，不如说是为了保证基本的教学质量。广义而言，任何具有价值的现实存在都可以被视为教材，但是，真正的教材永远只会存在于教师心智之中。

吕品晶　张惠珍
2008 年 10 月

目　录

总序

001　第1章　导言
- 001　**1.1　从观察到设计**
- 001　1.1.1　怎样观察
- 002　1.1.2　怎样想象
- 003　1.1.3　怎样表现
- 005　**1.2　从理想到营造**
- 005　1.2.1　从图纸到营造
- 006　1.2.2　从想象到营造

009　第2章　空间形体构想
- 009　**2.1　投影**
- 009　2.1.1　空间形体表达的发展
- 011　2.1.2　投影的基本知识
- 013　2.1.3　视图
- 015　2.1.4　投影的基本规律
- 020　**2.2　基本形体的构想**
- 020　2.2.1　关于基本形体的认识
- 022　2.2.2　基本形体的演变
- 025　2.2.3　基本形体的组合
- 029　**2.3　曲面的生成**
- 029　2.3.1　旋转曲面
- 030　2.3.2　平移曲面
- 032　2.3.3　螺旋曲面
- 033　2.3.4　高斯分析法

034　第3章　建筑绘图
- 034　**3.1　多视点二维视图**
- 035　3.1.1　在投影之外：正视图的阅读
- 042　3.1.2　简化与抽象：正视图的绘制
- 050　**3.2　轴测图**

050	3.2.1	从军事图纸开始:轴测图的基本知识
054	3.2.2	理性的回归:轴测图的绘制

060　3.3　透视图

060	3.3.1	透视的基本知识
064	3.3.2	透视的画法
071	3.3.3	透视视角的选择

077　3.4　阴影

077	3.4.1	光与影的基本知识
079	3.4.2	平行投影中的阴影
086	3.4.3	透视投影中的阴影

092　第 4 章　几何构成研究

092　4.1　以数字建成的房子

092	4.1.1	古代世界的神庙
094	4.1.2	人文主义的建筑学
099	4.1.3	现代的黄金分割模数

102　4.2　自然与几何结构

103	4.2.1	自然规则的结晶
106	4.2.2	苹果里的五角星
109	4.2.3	生命的曲线

119　**参考文献**

120　**后记**

第 1 章 导　　言

在中国古代，几何被称为"形学"。而"几何"二字，原本只是一个虚词，意为"多少"（如"对酒当歌，人生几何？"）。从名称的由来看，这一学科研究的应是形体的量化及其规律。

作为研究形体空间关系的数学分支，几何学从诞生之日起就与人类测绘大地、改造居住环境的建筑实践有十分密切的关系。古代埃及人为兴建尼罗河水利工程，曾经进行过测地工作，相关的知识则成为几何学的基础。在 18、19 世纪，由于工程、力学和大地测量等方面的需要，产生了画法几何、射影几何和微分几何。20 世纪以来，人们对自然结构的观察与理解不断深入，微分几何也有了进一步的发展。随着几何之树的枝叶日益繁茂，它又反过来将自身的累累硕果回馈给了设计学科和工程实践，其中包括从设计辅助工具到创新思维的诸多方面。

并且，从根本上讲，建筑师从来就是关注形体与测量的人。而作为联系居住梦想与营造现实的学科，建筑学所研究的始终不外乎是形体、空间，以及它们的尺度。与此同时，人们对高效的建筑结构的迫切要求，以及对优美的空间造型的热切期待，令建筑学与几何结构所固有的紧密联系远远超过了它与其他艺术与设计学科的关系。

1.1　从观察到设计

在建筑产生的过程中，绘图的现象无处不在。因为，将有关居住环境的梦想变为现实从来就不是一个人的事：建筑师必须不断地向自然借鉴，与自己商讨（反复斟酌），和他人交流（以去自己之所短，取他人之所长），以便使最初的设想最终完善起来。开始时是创作灵感与激情的依稀闪现，然后是大脑对那一思想的逐渐理智化的调整和检验，乃至最后是实在的设计图跃然纸上。建筑师们都知道，是激情和草图共同织就了设计创作的这一不二轨迹。

接下来的问题是：绘图在设计的过程中是如何被应用的呢？它们发挥着怎样的作用？

关于这些问题，建筑大师柯布西耶❶的设计图为我们提供了难得的范例，充分展现了绘图的表现可能性与潜在影响力。柯布西耶在日常生活中一直坚持着速写的习惯，平时总是用速写来临摹自然，记录现实（即业已存在的建筑），探索未来（亦即不时涌现的建筑激情）。如此，在进行建筑设计时，他就总能得心应手，并通过精确、完美的制图表现来说服自己和他人接受自己的设计建议。

1.1.1　怎样观察

柯布西耶那些备受推崇的速写本尺寸不大，只有手掌大小；每本有近百张，现存 70 余本；一般是 1~2 个月画完一本。在这些数量巨大的速写本中，柯布西耶将看似琐碎的日常见闻记录下来。在记录视觉资料的同时，他实际上也广泛探索了不同绘图方式的潜在表现力。

与他的那些精美的立体主义绘画相比，柯布西耶的速写可谓是极端缺乏构图，并充斥着变形的透视和错误的比例——这从某种角度表明，绘图者的意图完全不在图画本身。那么，柯布西耶在速写时

---

❶ 勒·柯布西耶（Le Corbusier，1887—1965），20 世纪影响最为深远的建筑师之一。他在建筑设计的许多方面都是一位先行者，对现代建筑设计产生了非常广泛的影响，因此与格罗皮乌斯、密斯、赖特并称为现代建筑的四位大师。"二战"前，他激烈抨击因循守旧的复古主义建筑风格，歌颂现代工业的成就，鼓吹以工业的方法大规模地建造房屋，提倡"住房是居住的机器"。战后，他的建筑设计风格发生了显著的变化，将视线从工业技术转向了乡土建筑经验，开始追求粗糙苍老的原始趣味。

集中关注的是什么呢？

如同柯布西耶一再在自己的论著中所表白的那样，他一生追寻的是宇宙运行的潜在秩序。可以激发他探索热情的不是树叶或植物本身，而是树木的精神、海湾的和谐、浪花的法则，等等。因此，他的视觉笔记绝非简单的现象记录，而是充满了分析性的线条——这些都是建筑师思考与探索过程的反映。通过对现实造型现象的观察与分析，建筑师检验并强化了自己对宇宙规律的认识。

例如，柯布西耶晚年对自然曲线的内在联系与控制法则产生了浓厚的兴趣，于是探索性地观察了许多曲线形式：从无机到有机，从川流到人造物（图1-1～图1-3）。

● 图1-3 金字塔建筑群(1952)

柯布西耶记录下金字塔与狮身人面像这两个已成功深入人心的纪念造型是如何与天空发生关联的。两者的造型原则全然不同，前者是简洁的柏拉图形体，后者则是对有机造型的模仿。然而在速写中，由于采用了相似的表现技法，两者间仿佛存在一种内在张力，从而紧密地联系在一起

● 图1-1 牛与牛犊(1950)

在速写中，牛的外形轮廓被反复加强了。画者仿佛以铅笔探索着动物的脊柱，特别表现出对其结构转折点的兴趣，似乎正在琢磨其中受力的细微变化，以及结构的应对措施。一句话，他考察的是最为常见的有机结构如何经济、有效、和谐地遵循并反射出宇宙间最普遍的力学法则，并与之共鸣

1.1.2 怎样想象

柯布西耶的观察笔记当场强化了观察者对特定场景的感受与记忆。但更加重大的意义是：它们储存了大量的造型灵感，从而为设计师日后的创作提供了宝贵素材。据他同事的回忆，柯布西耶在进行方案构思时，常常随身携带好几个速写本，并不时翻阅它们。

例如，关于朗香教堂（Ronchamp Chapel, 1950—1955）那神秘莫测的造型，人们曾经有过种种猜测。但从柯布西耶的大量速写本中，我们就能够发现若干端倪（图1-4～图1-6）。它们足以表明，教

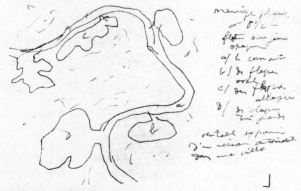

● 图1-2 河流鸟瞰(1951)

当飞机飞越哥伦比亚上空时，机舱里的柯布西耶被大地上河流的形态与湿地系统吸引了，并马上将其与汽车系统对照起来。文字笔记大意为：湿地平原/上午8:30/不透明的黄赭色水体/a. 水流/b. 椭圆形水池/c. 伸长的水池/d. 非常大的水池//城市中汽车系统的真实表达

● 图1-4 乡间别墅(意大利, 1911)

在一栋废弃的乡村别墅里，年轻的建筑师被光线戏剧性的表演打动了。他马上记录下场景的种种细节：前景中水平延伸的筒拱顶笼罩在浓重的阴影中；幽暗狭长的矩形大厅的尽头是垂直伸展的筒状天井，其间有来自天国的柔和、变幻无穷的光

堂不同寻常的造型并不是设计师一时心血来潮的结果，而是源于他长时间来就"形式—功能"关系所作的探索。

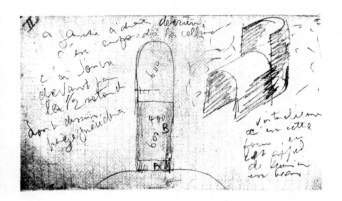

● 图1-5 乡间别墅（意大利，1911）

建筑师还记录下这两个简洁而又巧妙对比的筒状体量的组合形式与尺寸

● 图1-6 乡村教堂（北非，1935）

在苍茫的背景中，教堂拥有几乎与大地融为一体的厚重造型与材质；陡然升起的采光天井以及十字架图案一起打破了这片水平延伸着的沉寂

除了对日常见闻的记录，洋洋大观的速写集也包含部分的设计草图。在这里，柯布西耶继续运用观察笔记的表现风格：他不在意绘图的类型，也无意完善图面的美学效果，甚至不在乎是否区分了现实存在与设计想象的界限。比如，朗香教堂的几张概念构思图，就仅仅旨在通过简练的线条和渲染处理来推动更加深入、详细的设计发展（图1-7、图1-8）。

朗乡教堂的设计是柯布西耶一生中第一和惟一的单体教堂设计。不难想象，建筑师在这里一定会有许多想要展现的理念。从落款的日期看，这几张草图出现非常早，应该是设计师首次将盘旋于头脑中的设计构思加以整理和组织之后表达出来。这一事实说明，建筑设计可能来源于想象，但有效的想象必然来源于观察。这三者之间可能有一个漫长的孕育期。

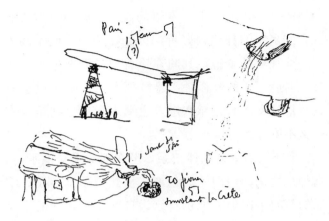

● 图1-7 朗香教堂草图（1951）

画面左下角是朗香教堂鸟瞰。此时，设计师考虑的应是屋顶的排水问题。雨水沿着屋顶的斜坡汇聚到建筑物的西侧，经过一个造型夸张的落水口，洒落到距离西墙不远的池子里。草图中似乎还有机翼、滑雪板和水坝等形象。画面中，现实与设计不存在明显的界限

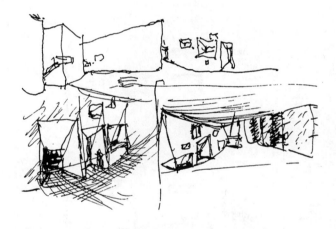

● 图1-8 朗香教堂草图（1951）

图中表现的大致是：入口的体量穿插处理；采光洞的细节；南、北立面和东、西向的室内立面；从室内到室外并置的四幅透视。草图表现出典型的柯布西耶式的速写风格：粗野而扭曲

柯布西耶的速写集充满了此类戏剧性的景象。由于他对世界存在的敏感观察、独到感受和个性表达，这些极具想象力的传奇性小册子已成为许多设计师视觉笔记的范本和设计灵感的源泉。

1.1.3 怎样表现

绘图能够帮助设计师及时记录下头脑中突然涌现的灵感，并有效组织视觉认知与思考。由此看来，绘图应该是一种私密、个性化的行为。也正因为这样，对大多数人来说，柯布西耶的速写集既是充满

激情的预言，又是难以参悟的天书；即便是潜心研究它们多年的狂热爱好者，也常常感到他们是闯入了一个神秘的梦境，其间充斥着似是而非的记忆碎片。对此，一种解释是：建筑师本人从未想过会有人对他的私人日记感兴趣，也从未觉得这些记录有什么不同寻常之处。

私下可以如此随性记录，但在面对大众演示时，这种个性化和内向的表达形式显然就不适宜了。演示的目的是向他人展示自己设计的优点，它的本身就是一种交流，其本质是共享和外向的。那么，如何才能使各自独立的设计师准确地交流思想（图 1-9），并有效地向业主、承建商等合作伙伴展示设计成果呢？

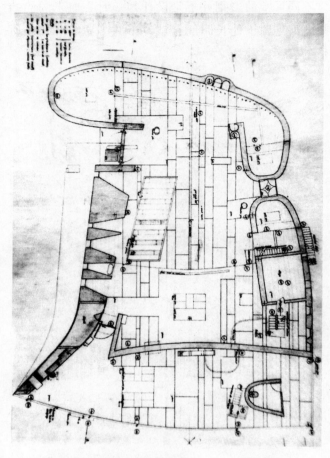

● 图 1-10　朗香教堂平面图（1953）

这是为施工人员绘制的平面图。与供内部交流的草图相比，本图有更加周全的细节描绘，并附有大量说明文字

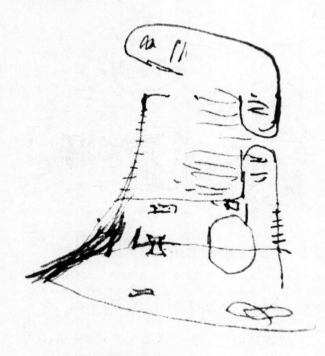

● 图 1-9　朗香教堂草图（1951）

图中，平面的分区与组合、空间的形式与边界等已大致定位。在与同行讨论的非正式场合，本图的绘图符号与表现手法等已经比较大众化，足以表达设计师的立场

柯布西耶显然知道如何做。在演示阶段，他会选择完全不同的表现形式：通常是大幅的尺规制图，力图将所有的设计考量周全、大众化地表现出来（图 1-10、图 1-11），从而有理有据地说服业主接受自己的设计建议。

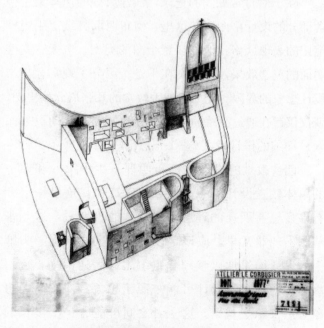

● 图 1-11　朗香教堂轴测图（柯布西耶，1953）

这些为交流而绘的图纸呈现出迥异的风格，力图充分表现各种造型信息与构造细节。它们构图严谨，包括整个系列的平、立、剖面与轴测图，通常都是按比例、以尺规绘制。此外，它们的内涵也更加丰富，往往是由多重概念融合成的复合形式。但在速写与草图中，表现内容往往只是被概括、抽象出来的某个简单规则或场景片段，因而具有单一的观察主题和简洁的表现形式。

总的来说，绘图是一个既个性又传统，既私密又共享的行为，贯穿了从观察到设计的全过程。一方面，速写或草图能够记录形象或景象，组织视觉认知与思考，激发对形式的发现与再创造，是解决设计问题的必备工具；另一方面，图形也是交流的媒介，是促成设计成熟并保证其顺利实现的必要手段。

正是由于其切实而广泛的应用价值，绘图已成为设计师的基本职业技能之一。

1.2　从理想到营造

在不同阶段的设计图中，我们看到了图形化语言是如何帮助建筑师们一步一步地认清自己的愿望，并将它付诸实施。然而，几何学这个古老的数学分支还有更多的宝藏——它不但有助于实现客观的设计理念，还可以孕育和激发出新的设计理想。

那么，几何学是如何对建筑营造的过程、结果，乃至理想产生影响的呢？

1.2.1　从图纸到营造

在古代，设计表达得很粗糙，交流起来有困难。在建筑营造完成之前，人们很难准确预知建筑落成后的实际效果。所以，即使是耗时数载而建成的宫殿与皇城，其造型、布局等设计也是相对简单的（图 1-12）。

随着人类营造经验的积累，更为了有效地控制

● 图 1-12　辎车、门吏、对饮（汉代画像砖）

本幅画像砖为 36cm×86cm。画面中，左为一辎车，下为一骑前导，中为重檐阙楼，阙下站立一人应是门吏，右为重檐庭堂，檐上有两仙鹤，内有两人相对而饮，中有一酒樽。对于这个建筑院落而言，虽然有重重叠叠的重檐门阙与楼阁，但整体的空间布局、造型与细节构造等都还是相对简单的

构想的实施效果，一个专门研究在平面上图示、图解空间规律和方法的知识体系日渐成熟，并被命名为画法几何（Descriptive Geometry）。至此，人们终于能够建立二维图纸与三维形体的"对等"关系了。除了图示空间，画法几何更重要的贡献是提供了图解立体问题的科学方法。据此，人们可以在图纸上"计算"较为复杂的立体构成的结果，甚至展现建成后它们在人们的眼睛中所呈现的样貌，亦即透视（Perspective）。这些算法令我们对想象空间的预言越来越接近真实，从而令设计图成为一种"亚"实物。

表现方法的完善，特别是预知能力的提升必然会催生出更为复杂的造型游戏。伴随而来的，当然是更加细致入微的细节刻画，以及更加大胆的造型表演（图 1-13、图 1-14）。

● 图 1-13　伯尼尼的西班牙台阶（罗马，1725）

广场为巴洛克大师伯尼尼的杰作，以流畅优美的曲线形大台阶而著称。建筑充分反映出时代趣味：从造型到装饰都极尽变化之能事。这也是设计师对建筑控制力增强后的必然结果

● 图1-14　牛顿纪念堂方案（布雷，1784）

纪念堂入口在球体底部，位于高高的台阶之上。台阶上积聚了好几群如蚂蚁般渺小的人物形象，越发衬托出建筑的宏伟壮丽。这个设计的目的是要激发出一种对宇宙的无限感叹。即使当时这个宏伟的设想因为技术原因无法完成，这张精致的效果图已成功地将建筑的崇高气势和永恒的纪念主题表达得淋漓尽致，仿佛已将这个梦境带入了现实之中。图面的阴影透视如此动人且真实，以致方案能否实现似乎都无关紧要了

20世纪进入尾声，又一座被称誉为和悉尼歌剧院一样的"未来建筑"提前降临人世，这就是美国建筑师盖里❶所设计的西班牙海港城市毕尔巴鄂的古根海姆博物馆（图1-15）。

● 图1-15　古根海姆博物馆（盖里，1993—1997）

建筑由26个相似的花瓣似的水泥盒子组成，其大小、形状等都有些微妙的变化。逐渐变化的形状呼应了大自然的一个基本要素：协调但却决不雷同。电脑辅助设计将设计构想转化为最经济的结构，使之足以与推崇结构合理性的现代建筑相匹敌；曲线的造型只增加了同类建筑10%～15%的造价

首先，这栋"扭曲"的建筑的建成有赖于当代计算机辅助表达技术的发展。该项技术主要是通过数字建模的方式，让设计师有可能更加准确而快捷地虚拟现实，游刃有余地去主导一些过去难以设想、却综合了诸多要素的建筑造型。

其次，古根海姆博物馆的建成足以表明：时代的美学观念正悄然变化。这种变化与几何学的发展不无关系。从古希腊开始，人们所推崇的就是简单数字中所隐含的宇宙法则。此后上千年中，比例一度成为古典主义建筑确定平面与立面的基本法则（图1-16）。而19世纪以来，微分几何则开始以另一种全新的方式来解读自然规律及其造型❷。如今，新理想已日渐清晰：建筑也能够以其无穷多样性而更接近自然——梦想中的建筑由此拥有了完全不同的外貌。

● 图1-16　德国柏林老国立美术馆（辛克尔，1824）

该美术馆堪称新古典主义的典范，造型朴素、比例庄严，是理性和平等的启蒙思想在建筑上最为严整而富有生气的阐述之一

1.2.2　从想象到营造

图解方法的更重要意义在于其过程本身就是培养空间想象能力的传统途径之一。但是，空间想象是一个视觉思考和设计的过程，而非单纯的逻辑计算过程。所以，即使今日的电脑已经能够为图解空间提供更简便、精确的工具，然而，除非能够真正了解这些知识背后的内在逻辑与认知规律，否则熟练的技术对于建筑设计的创新也可能于事无补。

---

❶ 弗兰克·盖里（Frank Gehry，1929—　），当代著名解构主义建筑师，以设计具有奇特不规则曲线造型、雕塑般外观的建筑而著称，代表作为西班牙毕尔巴鄂的古根海姆博物馆（Guggenheim Museum, Bilbao, Spain, 1997）。

❷ 19世纪，数学家们发现，自然界并非从柏拉图到塞尚所理解的那样，是普遍、统一的简单几何形体；海岸、树干、羊齿植物等自然形式都呈现出有规则的逐渐变化，自成一种相似、混沌的秩序。

让我们再看看被誉为"鬼才"的建筑艺术家高迪❶的作品，看他如何将各种古朴的建筑材料以朴实、有效的方式组合在一起，共同构成童话般的梦境——这时，有谁不会为设计师的想象力所折服呢（图 1-17）？我们还不妨设想一下：这些不可思议的空间与结构究竟是如何从一闪而过的思想火花，经过在头脑中逐渐沉淀、发酵，继而破茧而出，演变为在阳光下发出灿烂光芒的实体！我们还应思考一番当代设计学科的经典设问：如果高迪或柯布西耶当年拥有现代的计算机资源，他们又会创造出怎样的建筑物呢？

或许出乎许多人的意料之外，对于已经拥有这些资源的当代美国建筑师盖里而言，手绘草图依然是整个设计的基石。盖里设计过程中一个核心的特征是：借助草图完成设计理念的直接表达（图 1-18）。

盖里设计小组的草图一律由复杂的曲线形式构成，对于其后的计算机修正与优化过程而言，这不仅仅是一个短暂的开场：在设计过程中，设计者还必须持续不懈地根据草图回归"纯净与活力"。这些曲线一旦在计算机中建模完成并准确地付诸实施，必将有助于预期情感体验的实现。

● 图 1-17　神圣家族大教堂（高迪，巴塞罗那）

高迪提倡"创作就是回归自然"，"只有疯子才会去创造自然界没有的东西"。他摈弃了彻头彻尾的直线设计，认为直线是人为的，只有曲线才是自然的。本图是美国现代建筑大师格雷夫斯（Michael Graves, 1934—　）在进行大陆旅行（Grand Tour）时所绘制的旅行笔记。神圣家族大教堂已成为每一个到达巴塞罗那的游人必然会朝拜的建筑圣地

● 图 1-18　斯塔特中心设计草图（盖里，2001）

草图由复杂的曲线形式构成，所蕴含的感性特质仿佛与多变的自然形式有某种相似性

进行了以上回顾以后，我们不难作出如下结论。

无论以往或当今的建筑大师，尽管他们的建筑理想和风格迥异，尽管他们自认为或被尊称为鬼才或天才，但他们的伟大之处，归根结底不来源于他

❶ 安东尼奥·高迪（Antonio Gaudi, 1852—1926），西班牙著名艺术家与建筑大师。高迪终生未娶，除了工作，没有任何别的爱好和需求。高迪一生的创作几乎都集中在巴塞罗那，他利用自己的想象力使它脱胎换骨，成为一座梦幻之城。神圣家族教堂是他最伟大的作品，他把一生中的 43 年都贡献在那里，最后也安葬在他未完成的神圣家族教堂的地下室中。

们的个人理想或风格,而在于他们能将自己的理想和风格变为钢筋混凝土般坚硬的建筑物,建成一种能够让一代人或许多代人度过他们生命中很大一部分时间的宝贵空间。

好的建筑物被誉为艺术品,但又不是一般的艺术品(比如,不是一尊雕塑,不是一幅油画),它是需要由成百、成千,甚至上万人——从"高贵"的设计师到作坊里的普通工匠和工地上的建筑工人,从承包商到业主——或精心设想,或苦心经营,或辛勤劳动的结晶。相应的,建筑师也不是一个独来独往的艺术家,不能闭门造车,甚至不能满足于一小伙人的"通力合作",而必须是一个需要和上述众多的合作者实现理解和被理解、沟通和交流的十分世俗的人。一句话,建筑师需要习得一门足以实现上述理解、沟通和交流的"公共语言"。从前面的简单案例中我们也可以看到:从柯布西耶到盖里,都在提倡和推行这样的公共语言。

而几何就是这一公共语言的语法。在人类的建筑史上,在当今的设计实践中,它都发挥过不可忽视的影响。

作为一本以美术院校建筑学专业学生为使用对象的实用几何教材,本书将概括地介绍各种必要的几何知识和技能,以为专业的其他课程服务,为同学们日后的学习和业务工作服务。

思考题

1. 设计与几何之间存在怎样的联系?
2. 观察两种植物叶片,分析比较它们叶片形态与叶脉结构的联系,并用图解语言作观察笔记。
3. 选择一个小型文具或手工工具,观察并分析各组成部分之间的比例构成关系。

参考文献

[1] 诺曼·克罗. 建筑师与设计师视觉笔记 [M]. 吴宇江译. 北京:中国建筑工业出版社,1999.
[2] 保罗·拉索. 图解思考:建筑表现技法 [M]. 邱贤丰等译. 北京:中国建筑工业出版社,2002.
[3] 托马斯·韦尔斯·沙勒. 建筑画的艺术:创作与技法 [M]. 舒楠等译. 北京:中国建筑工业出版社,1998.

第 2 章 空间形体构想

建筑设计的最初阶段一般都是在设计师的头脑中"隐形"完成的,在对设计要求进行综合考量之后,对空间造型的构思也许是最重要的决断之一。这个构思不同于简单地复制现实或记忆中的场景,而是根据具体的设计要求,整合过去的造型经验,创造性地配置出所需的建筑形式。建筑师就是通过这种"凭空捏造"方式来计划未来:预言性地探索建筑设计各种潜在的前进方向,大胆地推测可能的后续发展,并严谨地制定出相关应对措施。

由于建筑的空间形体创造往往比较复杂,建筑师在构想时,通常难以直接在头脑中完成所有的构成创作,因此,往往需要借助于一系列即时而快速的构思草图的帮助。正如现代雕塑家亨利·摩尔(Henry Moore,1898—1986)所描述的那样,"绘画,是找到自己看待某种事物的方法,以及经历某种特定实验和意图的方法,它比雕塑还要快。"此外,在空间形体构想过程中,好的设计不仅仅是看上去漂亮或"神奇",更重要的是它们能够引导出一个切实可行的最终结果。

2.1 投 影

大家对这种情况或许并不陌生:同一栋建筑在不同写生人的心目中可能呈现截然不同的面貌,以至最后有多少张画作,就可能会出现多少不同的建筑物(图2-1)。一种相似的情况是,当要建造一栋房子时,面对同一设计图纸,不同的工匠也许会解读出不同的内涵,从而有可能造出若干尺度、构造都不尽相同的房子来。

既然绘图与读图是如此个性化的思维活动,设计者怎样才能有效地控制建筑产生的过程呢?设计与营造的过程能否像自然科学的研究那样客观、具体,并且经得起不同人的验证与推敲,从而令形体的空间表现能够像"1+1=2"那么逻辑清晰、简洁

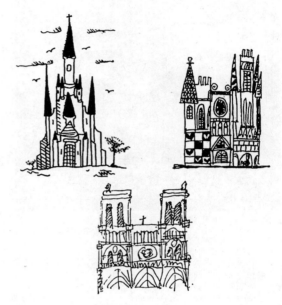

● 图 2-1 歌特建筑印象

(李昌宪、林凡榆、程虎,中央美院建筑07级)

明了,不存在任何歧义呢?

2.1.1 空间形体表达的发展

为了准确无误地表达空间形体,设计绘图的核心就是如何令二维的图纸与三维空间造型在尺度上实现某种"对等关系"。为此,过去的人们有过许多的努力与发现,也尝试过各种方法。

古埃及人发明了一种空间表现方式,其基本原理为:通过形象的互相遮挡,可以传达出一定的空间深度。例如,与并置的鸭子相比,当它们互相重叠时,被遮挡的鸭子看上去离观看者更远,绘图因此有了空间深度;同理,身体前面的胳膊也能起到相同作用(图2-2)。在流传至今的埃及壁画与纸草文书里,我们不难发现,局促于平面限制的古埃及人对这一发现是如何地欣喜若狂,并孜孜不倦地加以广泛运用:到处都是双手齐眉并举的人物形象。由此,我们也不难解释人们心目中最"标准"的埃及

姿势究竟从何而来了(图2-3)。

● 图2-2　重叠与空间深度(阿恩海姆)

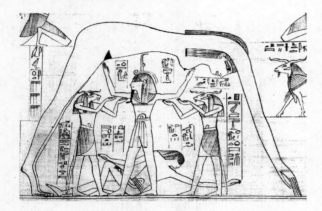

● 图2-3　《死者之书》图样：天地之诞生（埃及，B.C.1025；纸莎草绘制，原稿高47cm）

这个片段展现了古埃及人的世界观：天空是苍天女神努特的身躯，它像一个巨大的拱顶一样覆盖着大地；太阳每天在傍晚时消失，夜间穿过它的身躯，至黎明时复生

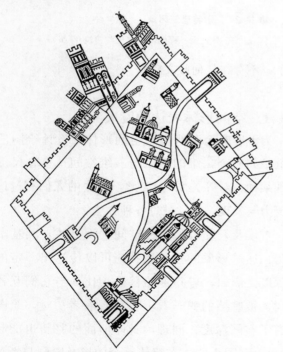

● 图2-4　新耶路撒冷(匿名，12世纪)

这是一幅对新耶路撒冷的想象图。在图中，绘图者将平面与立面并置，大致描述出城市布局：规则的城墙，有众多大房子；道路蜿蜒，其端头或为城门，或为大房子。然而关于各组成要素的相互关系、集体定位等问题表达得仍不甚明朗

在另一个古文明发源地，中国的先人在界画中也形成了比较成熟的空间表现方式。用现代的绘图术语来说，这种方式就是采用平面与立面并置的方法，将较为复杂的院落配置、城市布局等内容尽可能直观地表现出来(图2-5、图2-6)。

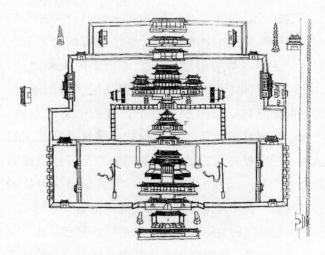

● 图2-5　正定隆兴寺(匿名，《隆兴县志》)

版画较为清晰地表现出建筑布局：寺庙坐落在城墙旁边；院落轴线明确，呈对称布局；通过立面的大小明确表现出建筑的主次与等级划分

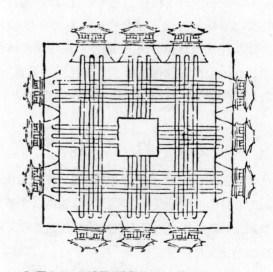

● 图2-6　王城图(聂崇义，《三礼图》)

《周礼·考工记》言："匠人营国，方九里，旁三门，国中九经九纬，经涂九轨，左祖右社，面朝后市。"本图就是据此所绘的王城示意图。此图绘制年代较晚，更多的是借用古法来表达怀古之情，对城门、道路等布局表达得也更有条理

尽管此时人们对三维空间表现的方法已有一定的认知，但系统的正交投影理论和画法几何的正式

诞生还要等到18世纪末期，由法国数学家蒙日伯爵（Gaspard Monge，1746—1818）在其伟大的实践中体现出来。当时，为了确定要塞枪炮部署的位置和方式，蒙日首次用几何作图的方法取代了传统中繁琐冗长的算术计算过程，以比前人快得多的速度完成了设计。在随后的相关研究中，蒙日还发现了将几何学方法应用于建筑设计的一般方法，也就是今天所谓的画法几何。不过，出于军事保密的考量，在法国大革命前，这种方法并没有得到广泛的推广。

现代空间形体表达技术以画法几何为基础，同时，各种空间再现的方法彼此补充，逐步发展和完善。如今，它们已成为设计行业的通用语言，其中包含许多彼此关联的理论、原则与传统，共同组成适用广泛、功能强大的空间表达系统。

在当代，随着投影法和画法几何体系的发展，这个系统在工程教育方面的作用日益彰显。比如，人们发现，凡学习过画法几何的人都可获得一种能力，一种把三维信息直观、准确地再现于二维图纸之上的能力，亦即以往的人们仅凭语言文字等表达方式难以胜任的传达视觉信息的能力。从这一意义上讲，画法几何其实是一种用图形（而非语言文字）来传达视觉信息的"规则"。绘图时只要遵循了这个规则，无论多么复杂的空间形体都可能被准确地表达出来。阅图者则可以根据共同的规则来对设计图进行解读，并顺利获取相关信息。同时，通过对三维形体的属性和它们相互关系的反复探讨和学习，人们还可加深对空间的认识。正是由于这一原因，在欧洲，从19世纪开始，画法几何就是培养空间想象能力的传统课程。

2.1.2 投影的基本知识

（1）投影的要素

投影（Projection）是指用一组假想的光线将物体的形状投射到一个面去。在这个面上得到的图形，有时也被称为"投影"。

投影表示空间中的一点与它在某一平面中的图像间的对应关系，也是在三维与二维之间建立起"对等关系"的关键。在立方体的投影图中，影像中立方体的每个顶点与现实中的各点——对应（图2-7）。

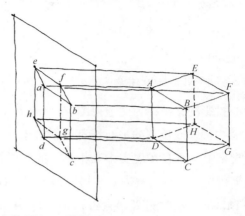

● 图2-7 投影

◆ 投影面

在投影中，物体投影所在的假想平面被称为"投影面（Picture Plane）"。为了绘图的方便，投影面通常为平面。在画法几何中，为利用正投影法在平面上表达空间形体，一般需要采用三个相互垂直的平面作为基本投影面，以反映三个维度中的形体变化。常用投影面包括水平投影面（H）、正立投影面（F）和侧立投影面（S）（图2-8）。

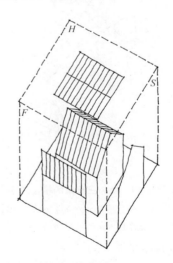

● 图2-8 投影面

◆ 投影线

假想光线被称为"投影线（Projector）"。根据投影线是否平行，我们将投影分为平行投影和中心投影。在平行投影中，投影线互相平行；在中心投影中，投影线汇聚于一点（图2-9）。

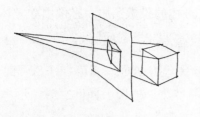  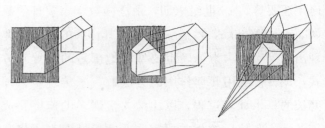

● 图2-9 平行投影与中心投影

中心投影图又被称为"透视图（Perspectival Drawing）"，其中，一般位置的平行线都会消失于一点。而在平行投影中，所有在现实中互相平行的线段在图纸上依然平行，于是它又被进一步划分为正视图（Orthographic Drawing）和轴测图（Axonometric Drawing）。

◆ 被投影物

被投影物（Object）常常与投影面、投影线一起，并称为投影三要素。三者的相互关系一旦确定，所得到的投影图像就是惟一确定的。当投影三要素的相对关系发生变化时，投影图像也会随之变化（图2-10）。

● 图2-11 投影的体系

左：正射投影法（平行投影的一类，即投影线彼此平行，而且垂直于画面）；中：斜射投影法（平行投影的一类，即投影线彼此平行，但是倾斜于画面）；右：透视投影法（中心投影，即投影线汇集于一点，该点一般规定为人眼所在的位置）

这三大类绘图类型都具有各自的固有属性与绘图逻辑，并拥有特定的结构来组织视觉信息。例如，透视图属于单视点三维视图，能够同时表现视觉形象的多个表面，有助于我们对事物全貌的整体把握（图2-12）。此外，轴测图也属于单视点三维视图。而正视图属于多视点二维视图，完整三维形象的表达有赖于一系列正视图共同完成（图2-13）。

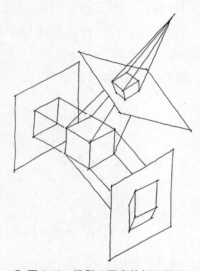

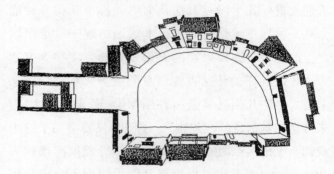

● 图2-12 单视点三维视图：宏村月沼（刘灿、谢海薇、徐波，中央美院建筑05级）

● 图2-10 投影三要素的相互关系

同一个被投影物在不同的画面与投影线组合中会得到不同的投影图

（2）投影的体系

投影在习惯上被划分为三大类，即正射投影（Orthographic Projection）、斜射投影（Obilque Projection）和透视投影（Prospective Projection）（图2-11）。这种划分的依据是投影线的类别。其中，透视投影为中心投影；而正射投影与斜射投影均为平行投影，它们之间的区别在于投影线是否垂直于画面。

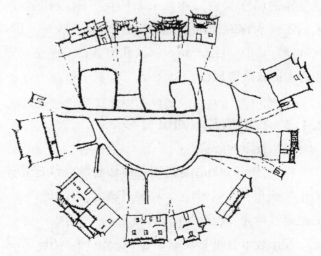

● 图2-13 多视点二维视图：宏村月沼（杨晓，中央美院建筑05级）

由于这些与生俱来的区别,每种绘图类型其实都隐含着一种看待空间的方式。因此,当我们想要记录某种空间信息的时候,采用哪种绘图类型实际上是一个非常重要的选择。首先,它意味着我们在有意或无意之间就已经决定:哪些因素应被掩饰,哪些应被揭露(即设计的哪一部分将被展现给观众,以及它们将以何种面貌被展现出来)。其次,它还揭示出绘图者如何看待这个空间或设计(图2-14、图2-15)。

● 图2-14　英格兰银行(1830)

索恩爵士委托甘迪将他本人设计,刚刚建成的伦敦英格兰银行的圆形大厅用废墟的形式描绘出来。这异乎寻常的选择揭示出设计者独特的自然主义设计理念。设计者在在方案中所考虑的不仅仅是建筑的造型,更重要的是建筑如何才能与自然融为一体

● 图2-15　筑波中心大厦广场(矶崎新,1983,日本筑波市)

在为筑波中心广场设计所绘制的表现图中,矶崎新选择以废墟的形式将它描绘出来。建筑师用这种方式表达了他对后现代的解构主义设计思想的敬意,以及对当时在设计领域占统治地位的现代主义、结构主义理念的反思

2.1.3　视图

（1）视图的生成

视图(Views)是通过正射投影得到的图像。根据投影的基本规律,它能够反映物体上特定的面,即平行于投影面的那一面的真实形状与尺寸。

在表现空间形体时,三视图是常见的表现组合,由水平面图(Horizontal Plane)、正立面图(Frontal Plane)和侧立面图(Profile Plane)构成。投影完成后,一般还需要一个展开的过程,即以坐标轴为旋转轴,将所有视图展开到统一平面上(图2-16)。

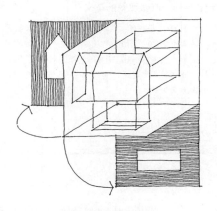

● 图2-16　三视图的展开

在未加说明的情况下,我们一般会将顶视图旋转到与立面图垂直对齐的位置,其他侧立面图则与正立面图在水平方向对齐,以有利于空间数据在不同视图上的相互转换。在不影响各视图信息传递的前提下,坐标轴有时也可被省略(图2-17)。

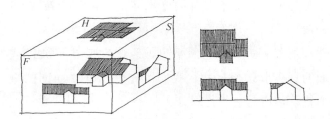

● 图2-17　建筑视图的生成

（2）视图的选择

完整描绘物体所需要的正视图数量,会因为其几何特性和复杂程度而有所不同。记录一般的空间形体我们通常会采用三面视图,以保证这种投影过程是可逆的。而两面视图有时会引起歧义,无法确定惟一对应的被投影物(图2-18)。

【例题2-1】　根据已知轴测图,绘制形体的三面投影(图2-19)。

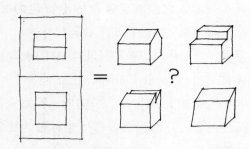

● 图2-18 两面视图的歧义

根据左侧的平面投影,被投影物可能是双坡屋顶、锯齿形屋顶、台阶式屋顶,或不规则的单坡屋顶等。这就是说,目前的两张投影图上不具有"可逆性"。为此,再增加一张侧面投影图就可解决问题

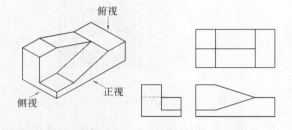

● 图2-19 根据轴测图绘制三面投影

为了记录这个较为简单的坡道形式,选择常规的三面投影就足够了。左边的轴测图已有箭头表现出正视、侧视(左向)、俯视三个观看方向。在没有特殊要求的前提下,各向度尺寸均可由图中按1:1量取。

由于平面图与地面平行,因此它反映了坡道底面的真实形状与尺寸。我们可先画出外平面图的矩形轮廓,再对它进行划分。

同理,立面图与坡道侧面平行,因此它反映了该平面的真实形状与尺寸。这样,我们就可以先量取这个平面的轮廓,再一步一步向纵深方向绘制。

按同样的方法,我们可完成侧面图。

就比较简单的空间形体而言,三视图已经足够。而对于变化复杂的空间形体,为了把握空间的全貌,我们必须设立足够多的投影面(图2-20)。

(3)视图的排列

当视图数量较多时,为了提高正视图的可读性,我们一般会将一系列的视图按照一定的逻辑与顺序

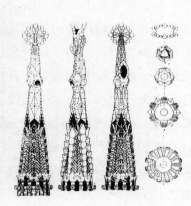

● 图2-20 尖塔(高迪)

为了将非常复杂的尖塔造型表现清楚,设计师不但绘制了三个立面,还绘制了不同高度上的多个平面

排列起来(图2-21)。目前,比较常见的正视图的排列方式有两种,即第一角投影(First-angle Projection)和第三角投影(Third-angle Projection)。由两种投影方法获得的三视图是一致的,只是排列关系不同(图2-22)。

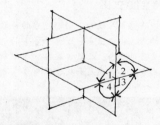

● 图2-21 空间象限

三个互相垂直的画面划分了空间,水平面与正垂面将空间划分为四个象限,我们可沿顺时针方向从正上方的象限开始编号

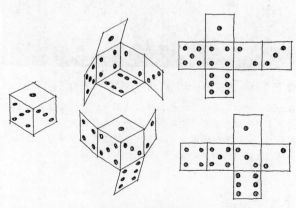

● 图2-22 第一角投影和第三角投影

左:第一角投影(空间物体被放置在第一象限);右:第三角投影(空间物体被放置在第三象限)

第一角投影和第三角投影所遵循的共同原则是：尽可能让相关的视图一一对应。这样，图像中的矢量就可以简单地在各视图之间相互转换，不仅有利于空间形象的建构，也有利于资讯的统合。如此一来，我们还可让立体的三面投影之间获得一定的联系：立面投影中的高度相同，而水平投影与正面投影具有相同的长度，侧面投影与正面投影具有相同的宽度。这有利于提高视觉信息的可读性，同时降低绘图的难度。

因此，在作图的过程中，我们常常会画上水平的联系线，以有助于多视图的解读。此外，利用一条45°线，或者以原点为圆心的弧线，都可以将侧面投影与水平投影中的尺度联系起来(图2-23)。

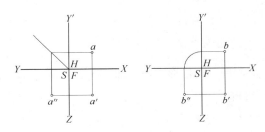

● 图2-23 联系线

空间A点的水平投影与侧面投影以45°辅助线联系；空间B点的水平投影与侧面投影用以原点为圆心的弧线来联系。习惯上，A点的水平投影标注为a，正面投影标注为a'，侧面投影标注为a"。同理，B点的水平、正面、侧面投影分别标注为b、b'、b"。

【例题2-2】 根据折尺楼梯的轴测图，绘制它的三视图(图2-24)。

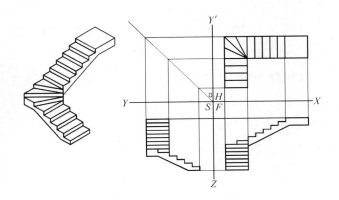

● 图2-24 根据轴测图绘制三面投影

折尺形楼梯相当于由多个小长方体组合的形体。对于这类稍微复杂的组合形体，在绘制时，我们应首先想清楚形体的空间关系。本题作图可分两步走：

(a) 分别在三视图中绘制楼梯的外轮廓，并保持相关视图对齐。从总体到局部的画法有利于控制绘图的误差；反之，在从局部到总体的画法中，小误差会逐步累计，最后可能令绘图产生较大的误差。

(b) 在各视图的折尺形的轮廓内进一步划分每一级台阶的宽度与高度。此时，联系线的作用就尤为显著。它们帮助我们对三个视图中的尺度进行灵活的转换，并简化尺度量取的操作。如果没有它们，我们就必须不断地到轴测图中去量取原始的尺度。

2.1.4 投影的基本规律

投影的规律很多，在建筑绘图中最常用的有四条。

● 投影规律1：点在直线上，则其投影亦在直线的投影上。

● 投影规律2：互相平行的直线之投影亦互相平行。

● 投影规律3：点分直线为一定比例，则其投影也分该直线为一定比例。

● 投影规律4：直线(平面)的投影一般仍然是直线(平面)。

由规律1可知，直线在同一投影平面上的投影有三种可能性(图2-25)：

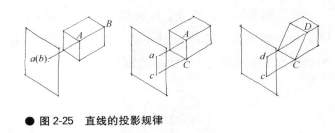

● 图2-25 直线的投影规律

(a) 当空间线段AB垂直于投影面的时候，AB的投影是一个点；

(b) 当空间线段AC平行于投影面的时候，AC的投影与原线段平行且等长；

(c) 对于一般位置线段DC，即与投影面倾斜的线段，其投影长度小于线段的实际长度，即存在缩比。

同理，平面在同一投影平面上的投影有三种可能性（图2-26）：

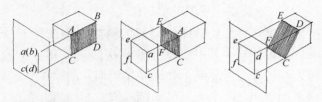

● 图2-26　平面的投影规律

（a）当空间平面 ABCD 垂直于投影面时，该平面的投影是一线段；

（b）当空间平面 ACEF 平行于投影面时，该平面的投影与原平面平行且全等；

（c）对于一般位置平面 DCEF，即与投影面倾斜的平面，其投影形状改变，面积缩小。

【例题 2-3】　已知房子的轴测图和正面投影，试绘制它的完整展开图（图2-27）。

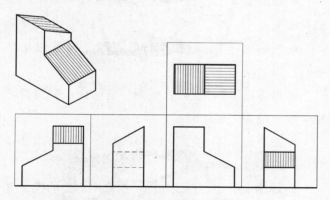

● 图2-27　求作房子的完整展开图

观察轴测图，注意房子各表面与投影面的关系。除了两个坡屋顶，其他表面分别与投影面呈平行关系。根据投影规律4，分别处理如下（图2-28）：

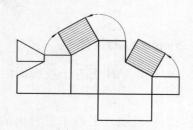

● 图2-28　房子的完整展开图

（a）对于与任一投影面平行的平面，可以直接量取它们在相应投影面上的投影（这些投影与原平面全等）；

（b）两个屋顶平面不平行于任何一个投影面，因此形状改变、面积缩小。但是由于它们的边长分别平行于不同的投影面，依然可以在相应投影面中分别找到两边的实际长度。在知道屋顶矩形的两个边长后，就可以确定它们的大小了。

【例题 2-4】　根据已知三视图，绘制立体的轴测图（图2-29）。

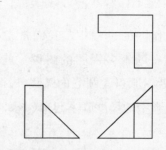

● 图2-29　根据三视图绘制轴测图

本题可采用形体叠加的方法来进行解析（图2-30）：

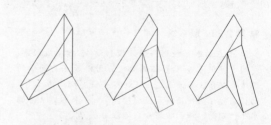

● 图2-30　分析过程

（a）先绘制后侧的三棱锥，可直接在三视图中量取三棱锥两个直角边的长度和高度；

（b）在对应位置按上一步骤绘制前侧的三棱锥以获得立体的轴测图。

【例题 2-5】　根据已知三视图，绘制立体的轴测图（图2-31）。

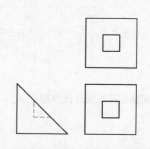

● 图2-31　根据三视图绘制轴测图

本题可用形体削减的方法来进行解析(图 2-32)：

(a) 将立方体沿面对角线削去一半，被消减后的体块呈倒放的三棱柱形式；

(b) 将三棱柱中心的空洞设想为一个被斜面剖切的虚体，利用两个铅垂辅助面求得截交线；

(c) 在空洞下方填充一个指定高度的立方体，即获得立体的轴测图。

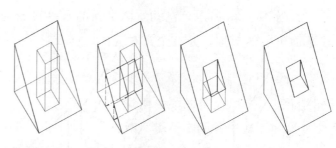

● 图 2-32　分析过程

练习题

1. 选择题

(1) 选择与图 2-33 中左列所示形体完全相同的形体：(　　)

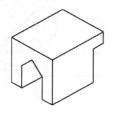 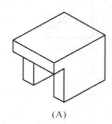 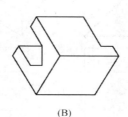 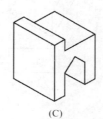 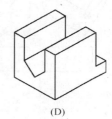

　　　　　　　　　　　(A)　　　　　　　　　　(B)　　　　　　　　　　(C)　　　　　　　　　　(D)

● 图 2-33

(2) 选择与图 2-34 中左列所示形体不相同的形体：(　　)

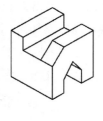    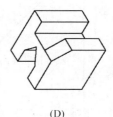

　　　　　　　　　　　(A)　　　　　　　　　　(B)　　　　　　　　　　(C)　　　　　　　　　　(D)

● 图 2-34

(3) 选择图 2-35 中与左列所示形体相交线最为接近的组合：(　　)

 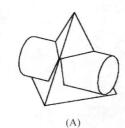 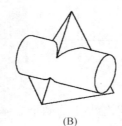 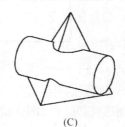 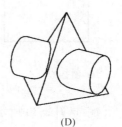

　　　　　　　　　　　(A)　　　　　　　　　　(B)　　　　　　　　　　(C)　　　　　　　　　　(D)

● 图 2-35

2. 如图 2-36 所示，已知空间平面的水平投影为一个直角等腰三角形，在给定的轴测图框架内绘制该平面可能的形式，并补全其对应的三面投影。

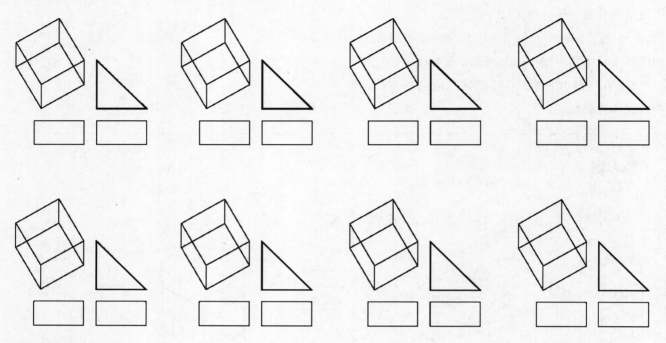

● 图 2-36

3. 如图 2-37 所示，已知屋顶上 a、b、c 点的平面投影，补全它们的正面与侧面投影。

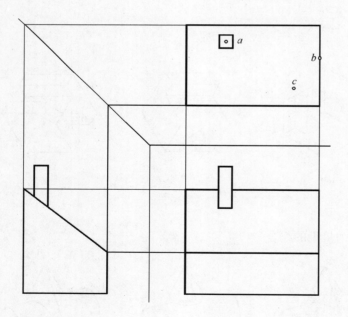

● 图 2-37

4. 如图 2-38 所示，根据已知三视图，试分别绘制下面两个立体的轴测图。
5. 如图 2-39 所示，根据已知视图，补全小房子的平面图，并完成它的轴测图。
6. 如图 2-40 所示，根据轴测图绘制形体的三视图，并完成它的完整展开图。

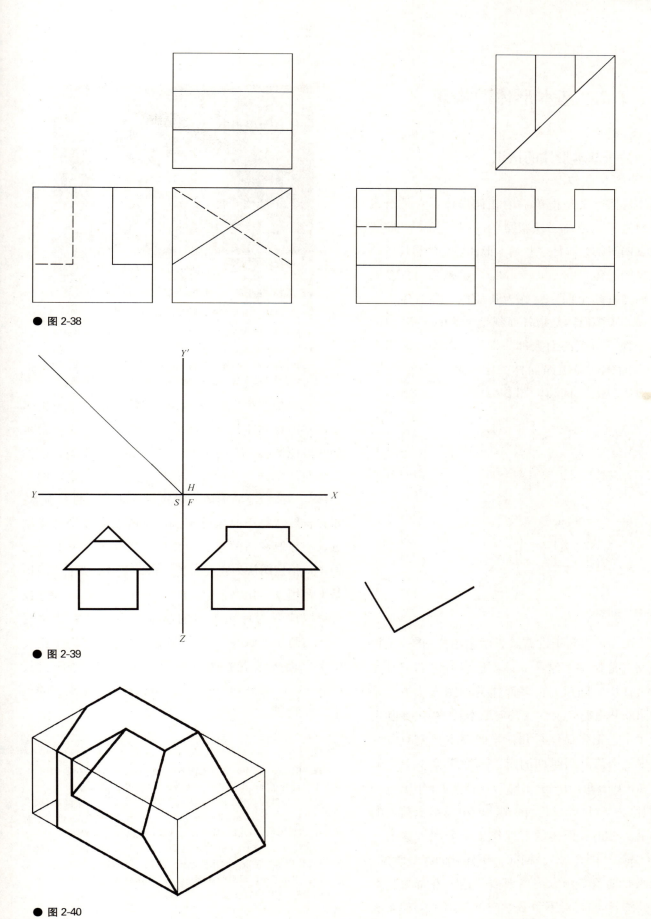

● 图 2-38

● 图 2-39

● 图 2-40

2.2 基本形体的构想

2.2.1 关于基本形体的认识

（1）柏拉图立体

基本形体通常是指单一的几何形体，它是组成复杂自然造型的基础。从很早的时候开始，人们就已经在试图辨别、解释这些基本形体各自的属性了。

柏拉图立体（Platonic Solids），也被称为正多面体。多面体有几个面，就称为几面体。多面体至少有四个面。正多面体是指各面都是全等的正多边形、且每一个顶点所接的面数都一样的凸多面体。只有五种正多面体，即正四面体、立方体、正八面体、正十二面体、正二十面体（图2-41）。

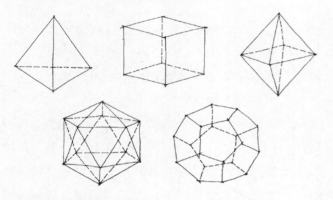

● 图2-41　柏拉图立体

柏拉图立体得名于古希腊哲学家柏拉图❶：柏拉图的朋友向他例举了这些立体，他便将它们记录在自己的著作中。随后，正多面体的作图方法被古希腊数学家欧几里德收录在《几何原本》❷中。在随后的上千年中，正多面体是几何学的基本研究对象之一。其中，文艺复兴时期的意大利数学家卢卡·帕乔利（Luca Pacioli，1445—1517）在他1509年出版的《神圣的比例》（Divina Proportione）中总结了前人的研究成果，对正多面体的特性作了十分深入透彻的阐述（图2-42、图2-43）。期间，帕乔利的终身挚友、文艺复兴时期著名画家列奥那多·达·芬奇为这本书绘制插图60幅，对不少数学问题作出了生动而确切的说明（图2-44）。

● 图2-42　帕乔利像（雅各布·巴尔巴里，1495）

帕乔利是一位伟大的数学家、会计学家、艺术家和当时意大利一流的教授，不仅因其渊博的学识令世人惊叹不已，还由于高尚的品德备受景仰。他是一名虔诚的修道士，但又坚信科学的力量，并力求让科学为全体人类的利益服务

在《蒂迈欧篇》中，柏拉图曾尝试用五个正多面体来解释物质结构，将它们当作宇宙构成的基本粒子。他指出，火的热令人感到尖锐和刺痛，就像是相对简单的正四面体；相反，土是一个稳定的六面体——最稳定的形体；空气是运动多变的八面体；水在自然状态下是自然流淌的，所以应该是玲珑剔透、小球般灵活的正二十面体。而对于剩下的十二面体，柏拉图认为它代表了宇宙的整体："十二面体是上帝用来美化整个宇宙的。"（图2-45）这种观念或许可以解释为什么著名的超现实主义画家萨尔瓦多·达利（Salvador Dalí，1904—1989）会将一个巨大的十二面体放置在他的作品《圣礼最后的晚餐》（The Sacrament of the Last Supper）中一张桌子的正上方（图2-46）。

---

❶ 柏拉图（Platon，公元前427—前347）是苏格拉底的学生，亚里士多德的老师。他们三人被认为是西方哲学的奠基者。

❷ 欧几里德（Euclid，公元前330—前275），古希腊数学家，著有《几何原本》（The Elements）十三卷。欧几里德在这部书中对前人在实践中获得的几何知识加以总结和系统化，把人们公认的一些事实列成定义和公理，并用这些已知的定义和公理来研究图形的性质。《几何原本》是现代数学的基础，在西方是仅次于《圣经》的流传最广的书籍。中国最早的译本于1607年由意大利传教士利玛窦和中国学者徐光启共同完成，并由他们将书定名为《几何原本》（其实，照西文原意，应为《几何入门》）。

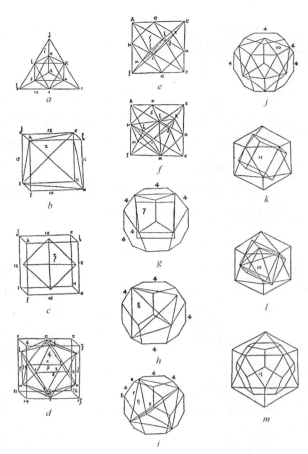

● 图 2-43　朗切斯科的多面体研究(《神圣的比例》,1509)

帕乔利记录下了稍早的 P·朗切斯科关于正多面体关系的研究成果。a. 四面体中的八面体；b. 立方体中的四面体；c. 立方体中的八面体；d. 立方体中的二十面体；e. 八面体中的立方体；f. 八面体中的四面体；g. 二十面体中的立方体；h. 二十面体中的四面体；i. 二十面体中的八面体；j. 二十面体中的十二面体；k. 十二面体中的立方体；l. 十二面体中的四面体；m. 十二面体中的二十面体

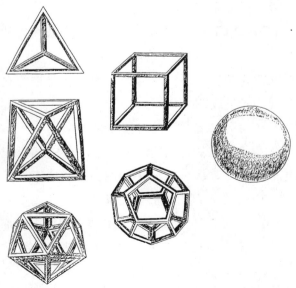

● 图 2-44　正多面体与球形(达·芬奇,《神圣的比例》,1509)

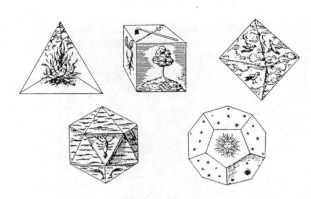

● 图 2-45　柏拉图立体的象征意义(开普勒,1619)

正四面体代表了火，因为相对而言，这一形体最轻、最易活动、最尖锐和最具穿透力；立方体具有稳定的特点，因此代表了土；正八面体体态轻盈，因此代表了空气；正二十面体的造型圆润灵活，因此代表了水；至于正十二面体，"神"使用它来整理整个天空的星座

● 图 2-46　圣礼最后的晚餐(达利,1955)

(2) 建筑中常用的形体

建筑中常用的基本形体可以被归纳为两大类：平面立体和曲面立体。其中，由平面多变形体包围而成的立体叫做平面立体，而最基本的平面立体是棱柱和棱锥。由曲面包围或由曲面和平面包围而成的立体叫做曲面立体，建筑中常用的曲面立体包括圆柱、圆锥和球体(图 2-47)。

由于建筑中各种功能的复合，以及造型美观的要求，仅由一种基本形体构成的建筑物并不多见，最为常见的"例外"是纪念碑等功能比较简单的建筑类型，或纯粹的概念设计(图 2-48、图 2-49)。

对于建筑中较为复杂的曲面造型，如双曲面、抛物面等，我们将在下一节对它们的属性与生成方法进行详细的阐述。

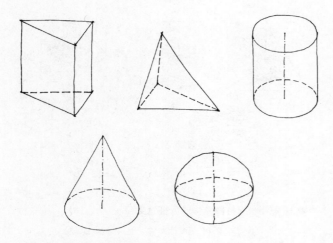

● 图 2-47　建筑的常见立体

2.2.2　基本形体的演变

（1）切割

如果用一个平面去切割立体，这个平面就叫做截平面，所得的交线叫做截交线，由截交线围成的平面叫作截断面（图 2-50）。如图所示，截断面的各顶点就是截平面与棱线的交点。因此，我们可以用这种交点法来求取切割立体的截交线各顶点的位置，然后依次相连，得到截断面的形状。

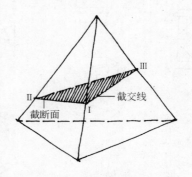

● 图 2-50　立体的截交线

● 图 2-48　库夫金字塔（公元前 2584）

建筑为正四棱锥造型，造型简洁有力，有很强的纪念性特征；而它的功能相对简单：生命通往来世的大门

需要强调的是，对于比较复杂的切割立体，在连接截交线各顶点的时候，要特别注意点的先后顺序，否则即容易出现作图错误；其次，在绘制截交线时需要判断其中各段的可见性：可见的截交线为实线；被物体挡住、看不见的那部分截交线用虚线表示。

◆　平面立体的切割

【例题 2-6】　求作正垂面 P 切割三棱锥所得的截交线。

正垂面为垂直于正立面的平面，在此它的立面投影是一条直线（图 2-51）。

1）分别求取截平面与各棱线的交点。

① 从立面投影可以确定正垂面 P 与 SA 的交点 I 的正面投影 $1'$，从 $1'$ 点向平面图引垂直联系线，与 sa 的交点这就是 I 点的水平投影 1 点；② 在立面投影上确定 P 与 $s'b'$ 的交点 $2'$，从 $2'$ 点向平面图引垂直联系线，与 sb 相交于 2 点；③ 在立面投影确定 P 与 $s'c'$ 的交点 $3'$，从 $3'$ 点向平面图引垂直联系线，与 sc 相交于 3 点。

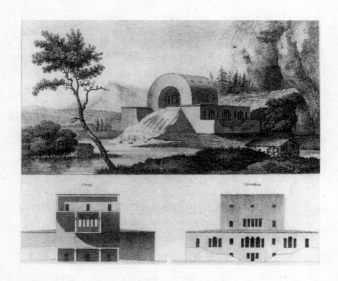

● 图 2-49　自来水厂主管的住宅（勒杜，1773—1779）

这是一个空想的设计方案。设计者希望住宅能够反映主人的职业，因此，自来水主管的住宅就是一个管道

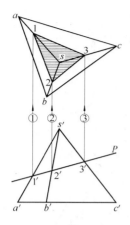

● 图 2-51　被正垂面切割的三棱锥

2) 顺次连接各交点的平面投影，就得到所求的截交线的平面投影 1—2—3；截交线的正面投影 1′—2′—3′ 积聚在直线 P 上，表现为一条线段。

【例题 2-7】 求作铅垂面 Q 切割三棱锥所得的截交线（图 2-52）。

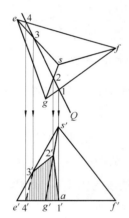

● 图 2-52　被铅垂面切割的三棱锥

铅垂面为垂直于水平面的平面，在此它的平面投影是一条直线。

1) 分别求取截平面与各棱线的交点。从平面图来看应该有 4 个交点，依次编号为 1、2、3、4。从这些交点的平面投影向立面图引铅垂联系线，分别得到它们的正面投影 1′、2′、3′、4′。

2) 顺次连接各交点的正面投影，就得到所求的截交线的正面投影 1′—2′—3′—4′。其中，3′—4′ 在立体背面，是不可见的，因此用虚线表示。截交线的平面投影 1—2—3—4 积聚在直线 Q 上，表现为一线段。

一般来说，为了求取立体的截交线，需要小心判断顶点的数目。例如，在图 2-53 中，正垂面 R 与三棱柱顶面应该有两个交点，一个是正垂面与棱面 BC 的交点 3，另一个是它与棱面 AC 的交点 4。如果漏掉了任何一个顶点，就无法绘制出正确的截交线。

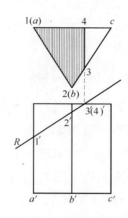

● 图 2-53　三棱柱的切割

用不同的截平面来切割棱锥，我们可以得到不同的造型结果（图 2-54）。其中，当截平面平行于棱锥底面的时候，截断面亦平行于底面，所得的立体通常被称为棱台（图 2-54a）。在三棱台中，我们可以看到投影规律 2 的体现：互相平行的直线之投影亦互相平行。

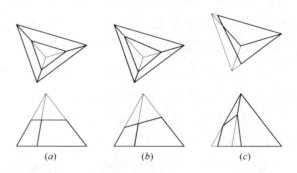

● 图 2-54　三棱锥的切割

【例题 2-8】 作已知截头三棱柱的展开图（图 2-55）

（a）完成直棱柱的展开图。由于截头三棱柱由直三棱柱（如左侧图虚线所示）切割而成，因此我们可以先求取这个直三棱柱的展开图。由于直棱柱的各个棱面都是长方形，所以只要知道每个长方形的高和宽就可以完成它的展开图。为此，在一条直线上截取 $AB=ab$，$BC=bc$，$AC=ac$，这就获得了各棱面长方形的宽；然后从 A、B、C 点向上作垂线，取

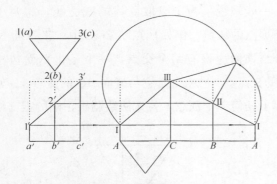

● 图 2-55 截头三棱柱的展开图

为三棱柱的高,如此就得到三个并列的矩形,也就是三棱柱的展开图(如右图虚线所示)。

(b) 绘制截头棱柱三个棱面的展开图。我们需要在三棱柱的展开图上确定截断面各端点Ⅰ、Ⅱ、Ⅲ的位置。为此,我们直接从正面图上量取 AⅠ、BⅡ、CⅢ 的高度至展开图相应的棱线上。

(c) 绘制截头棱柱上下棱面的展开图。截头棱柱的下底面平行于投影面,因此与它的正面投影全等。截头棱柱的上表面也是一个三角形,我们已经知道了这个三角形三条边的边长,由此也可以确定它的实际形状。

当平面切割平面立体的时候,截交线的形状是由直线组成的多边形。当平面切割曲面立体的时候,截交线的形状通常为曲线,在特殊情况下为多边形。

◆ 曲面立体的切割

当平面与圆柱体相交的时候,根据截平面位置的不同,一般有三种可能的截断面形式:

(a) 当截平面平行与圆柱的轴线时,截断面为矩形(图 2-56a);

(b) 当截平面垂直与圆柱的轴线时,截断面为正圆(图 2-56b);

(c) 一般位置截平面切割圆柱形时,截断面为椭圆(图 2-56c)。

当平面与圆锥体相交的时候,根据截平面位置的不同,一般有下列可能的截断面形式:

(a) 当截平面通过圆锥顶点时,截断面为等边三角形(图 2-57a);

(b) 当截平面垂直与圆锥的轴线时,截断面为正圆(图 2-57b);

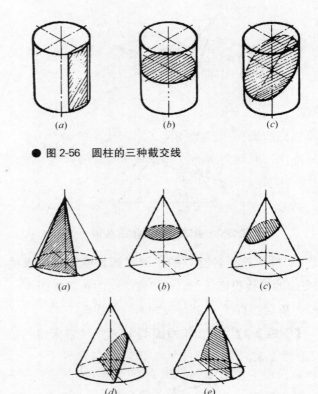

● 图 2-56 圆柱的三种截交线

● 图 2-57 圆锥的五种截交线

(c) 不通过底面的一般位置截平面切割圆锥时,截断面为椭圆(图 2-57c);

(d) 通过底面的一般位置截平面切割圆锥时,截断面为抛物线(图 2-57d);

(e) 不通过轴线的铅垂面切割圆锥时,截断面为双曲线(图 2-57e)。

(2) 变形

对于棱柱来说,当棱线垂直于底面时,这个棱柱被称为直棱柱;当棱线不垂直于底面时,这个棱柱被称为斜棱柱。斜棱柱也是直棱柱的一种演变方式。

【例题 2-9】 构想一个斜四棱柱,并绘制它的三面投影(图 2-58)。

在基本的正四棱柱中,一共有六个面,且都互相垂直,因此我们只要分别对每个面进行平移的操作,就可以得到各种不同的斜四棱柱。

(a) 沿垂直于侧立面(如图箭头方向所示)的方向平移棱柱的顶面,我们可得到如图 2-58(a)所示的斜

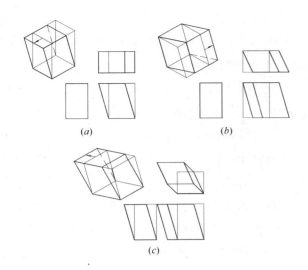

● 图 2-58 斜四棱柱的构想

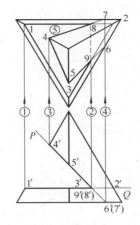

● 图 2-59 带切口的三棱台

棱柱。在三面投影中，这种垂直于侧立投影面的平移操作只反映在平面投影与正面投影上，没有反映在侧面投影上。

(b) 在上一步变形的基础上，我们再沿垂直于侧立面（如图箭头方向所示）的方向平移棱柱的正面，得到如图2-58(b)所示的斜棱柱。在三面投影中，这种垂直于侧立投影面的平移操作没有反映在侧面投影上，只反映在平面投影与正面投影上。

(c) 在上一步变形的基础上，我们再沿垂直于正立面（如图箭头方向所示）的方向平移棱柱的顶面，得到如图2-58(c)所示的斜棱柱。在三面投影中，这种垂直于正立投影面的平移操作没有反映在正面投影上，只反映在平面投影与侧面投影上。

2.2.3 基本形体的组合

通过两个或两个以上的基本形体的组合，我们可以得到造型更加变化多端的组合形体。组合形体表面上的交线叫做相贯线；在通常情况下，它们都是封闭的空间折线（曲线）。

(1) 实体与虚体的组合

【例题 2-10】 绘制带切口的三棱台的相贯线（图2-59）。

本题相当于一个虚体的三棱柱与一个实体的三棱锥组合。在解题的时候，我们可以将虚体的三棱柱分解为两个正垂面 P、Q，再用这两个平面分别来切割三棱锥。

(a) 求三棱柱下侧的棱面 Q 切割三棱锥所得的截断面。已知正垂面 Q 平行于三棱锥底面，因此它切割所得的截断面平行于三棱锥底面。首先在正面投影上确定截交线顶点 $1'$、$2'$、$3'$ 的位置。①从正面投影中的 $1'$ 点向水平面引垂直联系线，得到它的水平投影 1 点。过 1 点做分别平行于所在棱面的底边的平行线，与另外两条棱的交点即为 2、3 点，得到棱锥与 Q 面的截交线 1—2—3。②虚体三棱柱下侧的棱面并未切透整个三棱锥，切口在 $9'(8')$ 点的位置就停止了。因此，从 $9'$ 点向水平面引垂直联系线，分别得到 9 点、8 点的水平投影。多边形 1—8—9—3 即为所求的截断面。

(b) 求三棱柱上侧的棱面切割三棱锥所得的截断面。首先求正垂面 P 切割三棱锥的截断面。应先在正面投影上确定截交线顶点 $4'$、$5'$、$6'$、$7'$ 的位置。③从正面投影中的 $4'$ 点向水平面引垂直联系线，得到它的水平投影 4 点。④从正面投影中的 $6'(7')$ 点向水平面引垂直联系线，分别得到它们的水平投影 6、7 点。⑤在水平投影中连接 4—7，与 1—2 相交于 8 点；延长 6—9，与三棱锥正面的棱线的交点即为 5 点的水平投影。多边形 4—5—9—8 即为所求的截断面。

最后，在平面图上将不可见线 8—9 绘制为虚线，其他位置的相贯线都绘制为实线。

【例题 2-11】 绘制带切口的球体的相贯线（图2-60）。

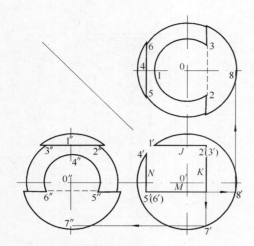

● 图 2-60　带切口的球体

本题相当于一个虚体的长方体与一个实心球体相交。在解题的时候，我们可以将虚体的长方体看成四个正垂面，用它们分别切割球体，并得到截断面 J、K、M、N。

（a）求截断面 J。①截断面 J 平行于水平投影面，因此其水平投影为正圆。从正面投影 $1'$ 向水平面引垂线，得到它的水平投影 1 点，以 0 点为圆心，0—1 的距离为半径作圆；②在正面投影中，截断面 J 停止于线段 $2'-3'$，过 $2'(3')$ 向水平面引垂线，垂线与这以前所作正圆形截交线的两个交点就是它们的水平投影 2 点、3 点。即可完成截断面 J 的水平投影。其中，2—3 为不可见线，应表示为虚线。③截断面 J 垂直于侧立投影面，因此其侧面投影积聚为一线段。

（b）求截断面 N。①截断面 N 垂直于水平投影面，因此其水平投影积聚为一条线段。②截断面 N 平行于侧立投影面，因此其侧面投影为正圆。从正面投影 $4'$ 向侧立面引垂线，得到它的侧立投影 $4''$ 点，以 $0''$ 点为圆心，$0''-4''$ 的距离为半径作圆；③在侧面投影中，截断面 N 停止于线段 $5'-6'$，过 $5'(6')$ 向侧立面引垂线，分别得到它们的侧面投影 $5''$、$6''$ 点。即可封闭截断面 N 的水平投影。其中，$5''-6''$ 为不可见线，应表示为虚线。

（c）求截断面 K。①截断面 K 垂直于水平投影面，因此其水平投影积聚为一条线段。②截断面 K 平行于侧立投影面，因此其侧面投影为正圆。在正立面上延长正垂面 K 与球体相交于 $7'$，从 $7'$ 向向侧立面引垂线，得 $7''$，$0''-7''$ 即为截断面 K 侧面投影的半径。

（d）求截断面 M。①截断面 M 平行于水平投影面，因此其水平投影为正圆。在正立面上延长正垂面 M 与球体相交于 $8'$，从 $8'$ 向向水平面引垂线，得 8，0—8 即为截断面 M 水平投影的半径。②截断面 M 处置于侧立投影面，因此其侧面投影积聚为一条线段。

（2）实体的组合

在两个或两个以上的实体组合时，它们的求解原理与实体与虚体相交时相同，只是步骤会稍微复杂一些。这是因为每一个实体既是被切割对象，又会去切割其他的形体，会对其他的形体产生影响。

经过前面对基本形体的构想训练，同学们已经具有了一定的空间表达能力。因此，在本节内，我们将会把重点放在空间想象能力的训练上。

【例题 2-12】　绘制两个三棱柱形体的组合。

首先，我们从一种最简单的组合方式开始：两个正三棱柱正交。①我们将水平的三棱柱想象为虚体，用它来切割垂直放置三棱柱母体，母体剩下了两个三棱锥；②被切割掉上述两个三棱锥后，母体呈现出一种不规则立体的形式；③根据已知的截交线形状，绘制出相交形体的立体图（图 2-61）。

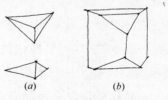

(a)　　　　(b)　　　　(c)

● 图 2-61　两个三棱柱的组合之一

然后，我们将平放的正三棱柱稍微倾斜，尝试一种稍为复杂一点的组合方式。①依然将水平的三棱柱想象为虚体，用它来切割垂直放置三棱柱母体，母体剩下了两个部分；②绘制被切割掉上述两个部分后，母体所呈现的形式；③根据已知的截交线形状，绘制出相交形体的立体图（图 2-62）。

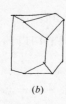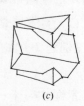

(a)　　　　(b)　　　　(c)

● 图 2-62　两个三棱柱的组合之二

下一步，我们将平放的三棱柱的倾角调整得更大。①仍然将水平的三棱柱想象为虚体，被它切割之后，垂直的母体依然剩下了两个部分；②绘制被切割后母体所呈现的形式；③根据已知的截交线形状，绘制出相交形体的立体图（图2-63）。

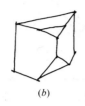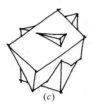
(a)　　　　　(b)　　　　　(c)

● 图2-63　两个三棱柱的组合之三

如果采用同样的倾角，令平放的三棱柱的三条侧棱都穿过垂直三棱柱时，我们就得到了如下结果：①被水平三棱柱虚体切割之后，母体剩下了一个部分；②从被切割后母体中已经完全看不出原有三棱柱的形式了；③根据已知的截交线形状，绘制出相交形体的立体图（图2-64）。

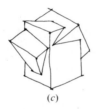
(a)　　　　　(b)　　　　　(c)

● 图2-64　两个三棱柱的组合之四

【例题2-13】　构想一个三棱柱与一个三棱台形体的组合形式。

首先，我们还是从一种最简单的组合方式开始：一个正三棱柱与一个正三棱台并置。①我们用三棱台前侧面切割三棱柱，三棱柱只剩下了一个部分；②如果将三棱柱当作虚体，三棱台也呈现出一种不规则立体的形式；③根据已知的截交线形状，绘制出相交形体的立体图（图2-65）。

然后，我们尝试正交的组合方式，这次我们从相交形体重合部分的造型入手。①绘制出三棱台与

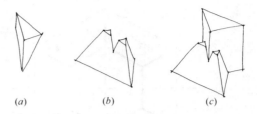
(a)　　　　　(b)　　　　　(c)

● 图2-65　三棱柱与三棱台的组合之一

三棱柱的重合部分；②绘制挖去重合部分后，三棱台所呈现的形式；③根据已知的截交线形状，绘制出相交形体的立体图（图2-66）。

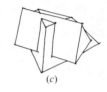
(a)　　　　　(b)　　　　　(c)

● 图2-66　三棱柱与三棱台的组合之二

下一步，我们将三棱柱的倾角调整得更大。仍然是先绘制两形体的重合部分，再在三棱台中挖去这个重合部分，得到相交形体的立体图（图2-67）。

(a)　　　　　(b)　　　　　(c)

● 图2-67　三棱柱与三棱台的组合之三

通过这种虚体与实体互相切割的方法，我们就可以较为准确地完成结构较为复杂的基本形体的构想任务。用这种方法绘制出来的相贯线虽然不如制图求解过程所得到的那么精确，但是对于建筑师在构思阶段的草图而言，已经足够准确了。

此外，每个建筑师在推敲建筑形体时都会有不同的思路与方法；同样的，我们在构想形体时也会有自己的习惯。本章节中介绍的只是一些最基本的方法与程序，有待同学们经过一段时间的练习后根据各自的喜好灵活地运用。

练习题

1. 如图2-68所示，在投影图中补全以下形体的截交线。

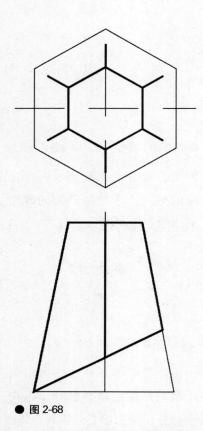
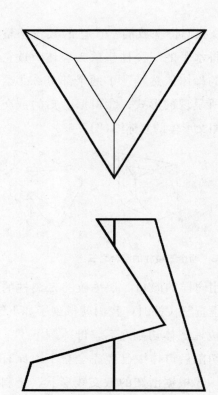

● 图 2-68

2. 如图 2-69 所示，作截头三棱柱的完整展开图。

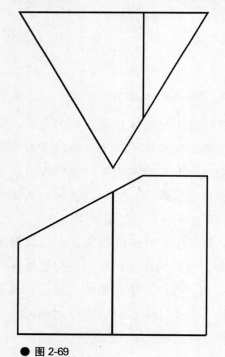

● 图 2-69

3. 构想一个斜四棱台，并绘制它的立体图和三面投影。
4. 构想两个四棱柱的组合形式。
5. 构想一个三棱锥和一个三棱柱的组合形式。

2.3 曲面的生成

在日常生活中，我们对这样的现象或许不会感到陌生：直接拿起一张薄纸片，由于它甚至连自身的重量都支撑不了，因此立刻垂了下去；但如果将纸卷成稍微上翘的曲面，我们发现这张纸甚至可以托起远远大于自重的附加重量（如铅笔、橡皮等）。这种结构现象揭示了曲面结构的巨大潜力：无需增加结构材料，只需通过改变材料的形状（即令其弯曲）就可以增加结构强度。

在自然界，我们还会观察到许多类似的通过弯曲来获得强度的结构现象，如鸡蛋壳和乌龟、贝壳等动物演绎出的这类现象，以及古代的战士从他们穿戴的既轻巧又能经受住较大冲撞的曲面盔甲那里获得的保护。这种结构在建筑方面的运用较晚，因为它有待于20世纪新材料、新结构的大发现。然而，由于曲面建筑具有良好的结构表现和优美造型，虽然它在施工方面比传统的平面建筑更复杂，但还是在短短的几十年间风靡全球。如今，千姿百态的曲面形式被广泛应用于各类建筑的营造，而在大型场馆的结构中则更为常见。那么，不同形态的曲面是怎样形成的呢？在结构与施工方面，它们又有怎样的特点呢？

从其形成过程来看，曲面可以被看成是线运动的轨迹。其中，运动的线叫作母线，控制母线运动的线称为导线，母线停留的任何位置被称为素线（图2-70）。

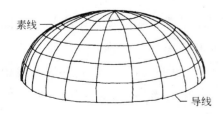

● 图 2-70　导线与素线

根据曲面的生成方法，它们一般被分为三大类，即平移曲面、旋转曲面和螺旋曲面。

2.3.1　旋转曲面

当一个平面曲母线围绕一条直导线旋转时，我们得到旋转曲面（Rotational Surface）（图2-71）。其中，当母线为半圆时，所形成的曲面就是我们所熟悉的球面，或称穹窿面；此外，锥面也是较为常见的旋转曲面。

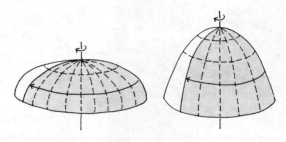

● 图 2-71　旋转曲面

◆ 穹窿面

旋转曲面的结构效率与其顶部的曲率（即对几何体不平坦程度的一种衡量）有关。例如，在图2-71中，左图为半个椭圆围绕一条垂直轴旋转，它外壳的顶部比较扁平，因此其结构效率不如半圆穹窿。右图为抛物线围绕一条垂直轴旋转，它外壳顶部的曲率比较大，因此其结构比半圆穹窿更有效率。

为了建造半圆穹窿，人们在结构方面曾有过许多尝试。目前比较成熟的是美国工程师富勒❶提出的地球仪式穹窿（Geodesic Domed）模型。该模型是一种三角形网格，由尺寸相同的杆件组装而成。相对传统中的施韦德勒穹窿（Schwedler Domed）和蔡司穹窿（Zeiss-Dywidag Dome）模型而言，这种基于三角形与六角形多面体的空间网状具有更高的结构刚度（图2-72）。

---

❶ 巴克敏斯特·富勒（R. Buckminster Fuller，1895—1983）是美国伟大的艺术家、发明家、设计科学家，被誉为20世纪下半叶最富创见的思想家之一。他还是著名的建筑师、工程师，曾获英国皇家建筑金质奖章；他也是哲学家兼诗人，曾获美国文学艺术协会金质奖章。富勒的发明所涉及的领域广泛，如特种越野汽车（速度快，耗油少，可原地转向180°），能呈现全世界地形的制图法，以及模压预制装配浴室、四维房屋模型等。

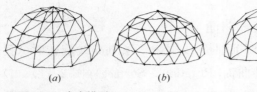

● 图 2-72　穹窿模型
(a)施韦德勒穹窿；(b)蔡司穹窿；(c)地球仪式穹窿

● 图 2-73　世博会美国馆（富勒，1967，加拿大蒙特利尔）
美国馆是富勒第一次将自己的正圆穹窿式建筑的理论模型付诸实施，成功地验证了之前自己提出的这个结构模型。这也是人类历史上第一个正球穹窿式曲面建筑

◆ 锥面

当直母线沿曲导线滑动且始终通过一定点时，所形成的曲面称为锥面。在锥面中，所有的素线相交于一点（图 2-74）。当导线为正圆时，所形成的曲面被称为圆锥面。圆锥面是在建筑领域应用得最为广泛的锥面之一（图 2-75）。

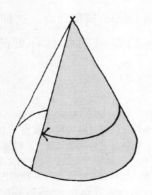

● 图 2-74　锥面的形成

● 图 2-75　昌迪加尔行政中心议会大厦（柯布西耶，印度昌迪加尔）
屋顶上造型夸张的巨大混凝土通风口采用了锥面的形式

2.3.2　平移曲面

当一个平面母线在另一个平面导线上滑行时，我们获得的是平移曲面（Translational Shall）（图 2-76）。在建筑中比较常见的平移曲面有柱面、双曲抛物面、柱状面和锥状面。

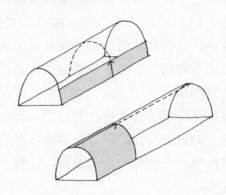

● 图 2-76　平移曲面
图中所示柱面的生成方式可以被理解为两种：①直母线沿曲导线平移；②曲母线沿直导线平移

◆ 柱面

当直母线沿曲导线滑动且始终平行于同一直线时，所形成的曲面称为柱面。在这个过程中，由于母线始终平行于同一直线，因此它的素线始终保持相互平行。其中，当导线为正圆时，所形成的曲面称为圆柱面（图 2-77）。生成圆柱面的方法有两种。其一是平移：①直母线沿曲导线平移；②曲母线沿直导线平移。其二是旋转：直母线绕直线轴旋。

圆柱面是在建筑领域应用得最为广泛的柱面（图 2-78）。

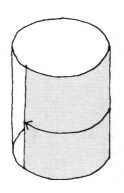

● 图 2-77 柱面的形成

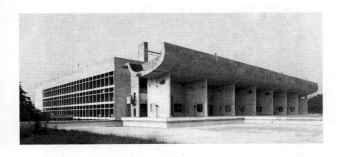

● 图 2-78 昌迪加尔行政中心议会大厦(柯布西耶,印度昌迪加尔)

建筑立面上粗重的混凝土雨篷与遮阳板采用了平移柱面的造型

◆ 双曲抛物面

当一条开口向下的抛物线母线沿着一条开口向上的抛物线导线运动时,所形成的曲面称为双曲抛物面(图 2-79a)。双曲抛物面的另一种更为常见的生成方法是让一条直母线沿两条交错的直导线移动,且始终平行于同一个平面(图 2-79b)。在表现双曲抛物面时,不但要画出导线、曲面边界线以及外形轮廓线的投影,往往还需要用细实线画出若干素线。

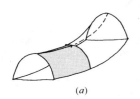 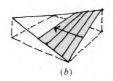

● 图 2-79 双曲抛物面的形成

由于双曲抛物面上有两组直素线,因此曲面上每一点在这两个(素线的)方向上的曲率为零。曲面的这种特性有利于节省混凝土模板的耗费,并且仅用平直的木板沿无曲率方向放置就可以了。

在实际建造的时候,双曲抛物面常常会四个一组地出现:四角分别以柱子支撑,作为一个结构单元,然后用这种结构单元覆盖较大的矩形场地(图 2-80)。此外,四个双曲抛物面也可以形成伞状悬挑,这时,仅用一棵中心柱就可将屋面结构支撑起来(图 2-81)。

● 图 2-80 双曲抛物面组合　● 图 2-81 双曲抛物面伞面

此外,常见的马鞍形屋面其实也是双曲抛物面的一种,只是它的周围是椭圆柱面。例如,在诺文斯基所设计的北加洛林州的瑞林竞技馆中,设计师首先采用了两个倾斜相交的混凝土巨拱,并设置了第一组钢索固定这两个巨拱,使它们不至于下坠;然后,设计师在第一组钢索的垂直方向布置了第二组钢索,与第一组钢索编织成网,有效地预防了屋面在强风吹袭下可能的抖动问题(图 2-82)。

◆ 柱状面

当一条直母线沿两曲导线移动,且始终平行于同一个平面平行时,所形成的曲面称为柱状面(图2-83)。

 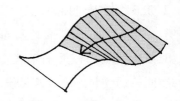

● 图 2-82 瑞林竞技馆(诺文斯基,美国北加洛林州)　● 图 2-83 柱状面的生成

柱状面也是大跨度场馆的常用屋面形式之一。例如,在沙里宁[1]所设计的耶鲁大学溜冰馆中,设计

---

[1] 沙里宁(Eero Saarinen,1910—1961),20 世纪著名的芬兰裔美国建筑师和设计师,尤其擅长根据项目的需要而灵活改变风格。

师就将屋面悬索分别固定在两条弯曲的"导线"上：一条是中央隆起两端反翘的混凝土拱；另一条是溜冰场外缘的曲面承重墙顶端(图2-84)。

◆ 锥状面

当一条直母线沿一条直导线和一条曲导线移动，并始终平行于同一平面时，所形成的曲面称为锥状面(图2-85、图2-86)。

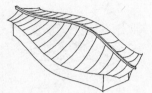
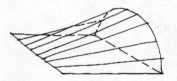

● 图2-84 耶鲁大学溜冰馆（沙里宁）　　● 图2-85 锥状面的形成

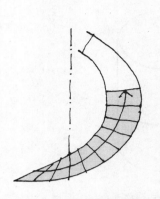
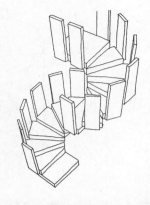

● 图2-87 螺旋面的形成　　● 图2-88 积木式螺旋楼梯

● 图2-86 密尔沃基艺术博物馆（圣地亚哥，2001，美国威斯康辛州）

● 图2-89 巴汶杰邸（戈夫，1950，美国俄克拉荷马州）

巴汶杰先生有感于方盒子住宅给生活带来的诸多束缚，渴望一种宽阔、开放的室内空间，甚至宁可稍微牺牲音响上的私密性而求取空间的连续性与一体感。这个充满挑战性的要求，加上近似于螺旋形的基地，诱发了建筑师连续性的螺旋形空间的构想

2.3.3 螺旋曲面

当一点沿圆柱面的直母线作匀速直线运动，同时该母线绕圆柱面的轴线作匀速回转运动，该点在空间的运动轨迹就是圆柱螺旋线(图2-87)。

螺旋面在楼梯中最为常见，并因其优美的曲线造型而常常成为空间中视线的焦点(图2-88)。此外，螺旋面的出现在建筑造型中也不少见，例如，在美国建筑师戈夫所设计的巴汶杰邸中，设计师将长长的螺旋形连续墙的终端盘旋在中心钢柱上端，并在钢柱上以钢索来悬挂住各个碗形的房间(图2-89、图2-90)。

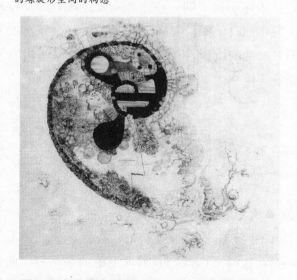

● 图2-90 巴汶杰邸平面（戈夫，1950，美国俄克拉荷马州）

2.3.4 高斯分析法

除了按其生成的方法对曲面进行分类以外，我们还可以根据它的母线是直线还是曲线将曲面划分为直母线曲面和曲母线曲面。其中，凡是由直母线运动而成的曲面称为直母线曲面，只能由曲母线运动而成的曲面称为曲母线曲面。此外，根据曲面能否被展开为一个平面，曲面还可以被划分为可展曲面和不可展曲面(表2-1)。

曲面的类别　　　　　　表2-1

类别	表面展开	名称	备 注
直母线曲面	可展曲面（单曲面）	柱面	素线互相平行
		锥面	素线相交于一点
	不可展曲面	双曲抛物面	同组的素线互相交错，不同组素线相交
		柱状面	相邻两素线互相交错
		锥状面	相邻两素线互相交错
		扭曲面	相邻两素线互相交错
曲母线曲面		定母线曲面	
		变母线曲面	

由于曲面的生成方法、母线与导线的组合方式等种类繁多，因此分类十分困难。我们今天在工程营造方面对曲面的清醒认识还要归功于伟大的数学家高斯(Karl F. Gauss，1777—1855)。他总结道，我们在大自然所看到或想象到的各式各样的曲面，根据其几何特性，可以最终被归结为三大类：类穹窿顶(Dome)、圆柱面(Cylinder)、鞍形曲面(Saddle)。

有了这样的归纳以后，面对造型极端丰富的曲面，我们在选择建筑的造型与结构时，终于可以比较有条不紊地进行取舍。例如，穹窿曲面与鞍形曲面都属于不可展曲面，它们的延展性不及圆柱曲面，即，这类构件不可能通过平面的折叠或弯曲方式来制作，在施工上难度较大；另一方面，这类曲面结构的抗变形能力更强，这个特性又是建筑师所喜闻乐见的。

此外，在计算机辅助设计技术已经高度发展的今天，高斯分析对于拱曲面建筑的施工发挥了更为重要的作用：我们可以在计算机上模拟出分别采用三种类型曲面的建筑造型的最终效果，并进行比较与调整；此外，我们还可以预先估算出各种方案（采用各种类型曲面来围合同一个空间）的工程造价是多少，等等。例如，在盖里的事务所中，工程评估是降低建筑成本的重要措施之一。关于这个过程，事务所的塞拉记叙道："一般平面板材的花费是1美元，单向曲面的板材的花费是2美元，而双曲板材的花费却达到10美元。计算机的一大优势是：能够让你针对几何形体及其预算，作出严密的监控。"而计算机的这种优势也是在高斯分析法的基础上体现出来的。

思考题

1. 试述正投影的基本性质。
2. 两平面立体的相贯线有何特征？
3. 试比较柱面和柱状面、锥面和锥状面的区别。

参考文献

[1] 周正楠. 空间形体表达基础[M]. 北京：清华大学出版社，2005.
[2] 彼得·绍拉帕耶. 当代建筑与数字化设计[M]. 吴晓等译. 北京：中国建筑工业出版社，2007.

第3章 建筑绘图

设计师总是和图纸联系在一起的。人们心目中建筑师的形象，往往就是一个手持尺规、坐在工作室巨大画板前的人——而事实也正是如此。在营造的过程中，建筑图是一种强大的设计媒介和交流工具。一方面，在设计时，建筑师可以用图纸来推敲方案，在充满想象力的理想世界中翱翔；另一方面，在交流与合作的时候，图纸则是建筑师最具说服力的工具。

几个世纪以来，平、立、剖三视图、轴测图和透视图一直都是最传统的表现方式。时至今日，它们依然是传达建筑艺术真谛的最有效工具。

本章将从实用的角度出发，分别介绍这些基本绘图类型的表现特点与应用情况。

3.1 多视点二维视图

在建筑绘图中，常用的二维视图包括平面图（Plane）、正面图（Elevation）和剖面图（Section），它们分别着重表现建筑某个片段的信息（图 3-1～图 3-3）。这种属性也意味着，由于精简了其他方面的信

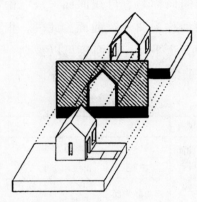

● 图3-2 剖面图

建筑垂直剖面的正射投影，数目可根据建筑空间的复杂程度选择，一般剖切在结构或空间发生转折的位置。在观察建筑时，此类位置通常是无法直接看到的，因此，需要用一个虚拟的切面将建筑剖开，再进行投影和观察

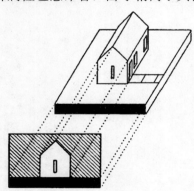

● 图3-1 立面图

物体正射投影在垂直画面上的视图，包括正立面、侧立面、背立面的投影，可依据建筑的基地特性、各立面的重要性等选定

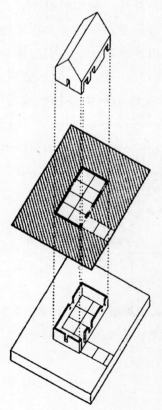

● 图3-3 平面图

这是物体正射投影在水平画面上的视图。在建筑图中最为常见的平面图并非顶视图，而是将建筑水平剖开以后得到的水平投影。这个虚拟剖面一般都位于距离地平线1.5m的位置。在多层建筑中，为了表现不同楼层的水平布局，往往需要分别绘制各层平面图

息，每一种建筑正视图都加强了对特定片段的表现力度。例如，在平面图中，由于垂直方向的信息被削减，因而水平方向的空间信息得到了最充分的表现；同理，在立面图中，水平方向的信息被削减，而垂直方向的空间信息得到了最充分的表现。

由于这些"天生"的表现特点，每种建筑视图其实都代表了一种看待空间的方式，隐含着一种空间信息的取舍过程：哪些被掩饰，哪些被揭露。也正是考虑到单个视图在表现空间时都有所偏重的属性，为了清楚地表达较为复杂的空间形体信息，建筑正视图一般都以组合的形式出现。

3.1.1　在投影之外：正视图的阅读

建筑视图不仅是制图规则的体现，更重要的是，它们还表达了建筑师的设计思想。它们之所以重要，是因为借助了它们，建筑师可以对自己初始的想法进行"测试"，以最终将成熟的构思提炼出来。设计图的价值通常不在于图面"神奇"的绘图技巧，或美妙的构图艺术，而在于它们能否对设计构思过程起到推动作用。因此，在开始学习制图前，我们不妨首先来探究一番若干"成功"的设计图，看看它们的绘制者是怎样充分挖掘和利用视图的表现特点来推动设计进程的。

如前所述，由于每一张建筑视图表现的都是经过筛选后的空间信息，因此，在阅读图纸的时候，通过解读图面所"揭露"的空间信息，我们可以站到绘图者的角度去观看设计的进程。有时，我们甚至可以根据那些被"掩饰"的内容来窥视建筑师的内心：他们如何看待这个项目？在他们看来，设计的症结在哪里？

下面，我们将依次介绍平、立、剖面视图的表现特点与内在逻辑。我们选择的案例，大部分是草图，因为它们更加"率直"，更能反映出真实的设计过程与设计师的喜恶。

（1）理性的完美：平面图及其表现特点

在平面图中，由于牺牲了垂直方向信息的表达，水平方向的布局与尺度得到了最为显著、直观的表现。其中，诸如空间形状、流线、分区等方面的空间信息，都是平面图长于表现的内容。从本质上来说，平面图是一种分析性绘图，它的作用是描绘空间形式的机制（图3-4、图3-5）。

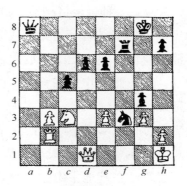

● 图3-4　围棋棋谱

布雷利（Charles Bradley）的决胜局：
黑子移动，三步内将军

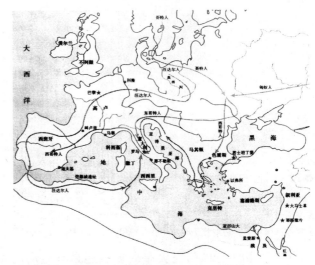

● 图3-5　阿提拉入侵欧洲路线图（公元5世纪）

公元5世纪，由于长城的修筑，亚洲草原的游牧民族无法再进入中原，他们便向西迁徙，到欧洲去掠夺。带箭头的线条表示，他们在欧洲行进的方向与路线

在对平面图表现特点的分析中，我们将以乌尔里克别墅（Ulrich Lange House，1935）的几张设计图为例来进行分析。乌尔里克别墅是现代建筑大师密斯❶早年的作品。从小别墅众多的设计草图中，我们一方面可以体会到平面图的表现优势，以及它所体

---

❶　密斯·凡·德·罗（Mies Van der Rohe，1886—1969），德国人，最著名的现代主义建筑大师之一，与柯布西耶、格罗皮乌斯、赖特并称为现代建筑的四位大师。他的设计以强烈的理性风格而著称。

现的思维模式，另一方面也能够感受到它的这种内在逻辑如何与大师的设计理念相得益彰。

密斯最广为人知的设计理念就是"少即是多（Less is more）"。而他在设计图中不懈地追求的也正是这种纯粹的极致：一种最经济构造、最简洁结构，以及最简约空间的完美结合。为此，他会在设计过程中作数不清的草图，并且此图与彼图之间往往只有很少的变动：将一面墙作少许移动，以接近他理想中的某种完美，等等。

在设计初期的一张草图中，密斯在平面图上确定了别墅的大致布局，作为整个设计的基础（图3-6）。从图纸来看，建筑已在基地中定位，庭院与室内空间的边界、建筑的功能分区等也已大致确定——这些分区到设计最后都没有太大调整。

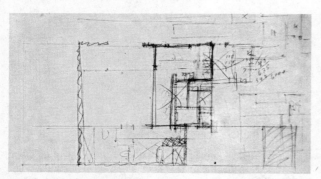

● 图3-6　空间调整（1935）

从涂改与覆盖的修改痕迹来看，设计调整的重点是建筑的起居与服务空间部分的边界与关系。此外，与用尺规所作的底图相比，画面右侧的庭院外墙被向右作了移动，庭院空间被压缩了约三分之一

不过，初步分区与完美布局显然还是有距离的。于是，在设计图中，密斯首先以尺规划分了房间的大致分布，然后再徒手进行调整：通过草图中铅笔的涂改、覆盖以及被擦去的痕迹，我们可以看到设计师对庭院、卧室、厨房等处边界逐一考量与修正。而空间边界、水平尺度等正是平面图所擅长表现的内容，也恰好是推敲这些细节的理想工具。

在下一张草图中，设计师继续对已有设计成果进行推敲和检验（图3-7）。在图中，依然首先用尺规打底；对于上一阶段的设计成果（主要是房间的边界），则用醒目的实心粗线予以确定标示。在随后的修正步骤中，设计师通过不同明暗调子和纹理填充的方式，令平面的空间布局更为直观、明显，修正的对象则包括室内外折尺形的边界，动（起居）静（卧室）分区的轮廓，以及服务空间（厨卫）与被服务空间（起居和卧室）的分隔等。此举仿佛向平面图赋予了某种三维深度。

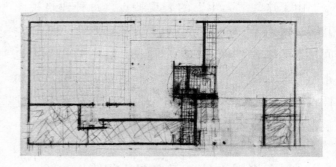

● 图3-7　布局分析（1935）

草图左上角的格纹填充代表庭院空间；正中的空白部分是中心起居空间；稍右，较深的填充部分是服务空间；底部以斜纹曲线填充的部分是卧室区域

一般来说，纹理填充是较为简便、常见的增加平面图空间深度的方法，有利于设计师对整体布局有一个更直观的把握，是常见的分析性草图的画法之一。

往后的草图就反映出，方案设计已进入细部推敲阶段（图3-8）。原先已确定的建筑元素的位置都被以尺规描绘，并将所有的材料变化都表现得十分准确。例如，对于墙体的描绘区分了较厚的承重墙与较薄的隔墙；对于窗户的描绘也强调了落地窗与普通

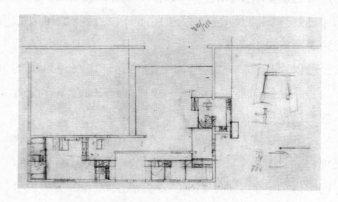

● 图3-8　细部推敲（密斯，1935）

主要的建筑元素被以专用符号语言予以明示：分隔几间卧室的墙是较薄的隔墙，而其他位置则是较厚的承重墙；卧室的窗户是普通窗，而分隔起居室与庭院的窗户则是落地窗。卧室家具摆放问题仍有待探讨

窗户的区别；此外，卫生间的洁具也已确定。不过，草图必然意味存在有待探讨的地方。在这张草图中正在检验的应该是卧室的家具摆放方式，特别是在有限空间中壁柜的大小，以及门扇开启方向的问题。

最后，画面右侧空白处还有两张细部透视。它们此时的出现也更加直观地反映出：尽管设计师是通过平面图来推敲设计的，但是他头脑中的建筑早已处于三维的状态，并且已经进展到了细节设计的深度。

从上述不同阶段的设计草图中，我们不但可以看到大师精益求精的设计习惯与方法，还发觉了他如何通过充分挖掘平面图潜在的抽象分析能力来步步为营地推进自己的设计。总的来说，平面图所擅长表达的建筑形式、外部空间，以及各部分之间的关系等内容，恰好也是密斯在设计中关注的问题。因此，平面图理所当然地成为密斯探讨设计的理想选择；随后，步步推进的平面草图也忠实地将阶段性的设计成果记录下来，令设计者不必寻求其他类型设计图的帮助，成功地独立完成了设计思维载体的任务。也正是因为设计理念与载体的这种完美配合，所以直到设计接近尾声时，才有其他类型绘图的加入——这种情况也算是一个特例。

密斯所设计的最为完美、影响最为深远的平面是他1929年设计的巴塞罗那德国馆。在了解到密斯的这种独特的设计方法之后，我们再来体会德国馆中那精炼的平面布局（图3-9、图3-10），以及广为称

● 图3-9　国际博览会德国馆（密斯，1929，西班牙巴塞罗那）

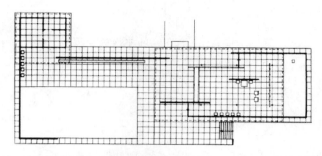

● 图3-10　国际博览会德国馆平面（密斯，1929，西班牙巴塞罗那）
密斯在德国馆中只用一片整体的平屋顶（见平面图左侧的虚线矩形）覆盖了简单的几片石墙。然而，当人们走进这个通高的室内空间时，却能够拥有极为变化多端的空间感受。这些都来源于布置精当的平面设计：其中，每一个空间单元都不是独立的，相邻空间相互渗透、隔而不离，每一个单元空间都会受到相邻空间的影响。因此，观赏者只有不断地运动、变换视角，才能得到较为全面的建筑体验

颂的"流动空间"时，即使现在并没有德国馆的设计草图流传下来，我们也不会过于惊讶于它到底从何而来了——我们知道，它后面必然有一个不厌其烦、精益求精的推敲过程。

在一般的建筑设计过程中，平面图还是会和其他类型的设计图一起出现，共同推动设计的发展。不过，由于其表现特长，平面图总会受到那些特别关注平面合理性的建筑师的偏爱。此外，在设计流线较为复杂的大型建筑综合体时，也尤其需要在平面图上花费较多时间（图3-11）。

（2）造型的狂欢：立面图及其表现特点

作为建筑造型的正面形象，立面图可以迅速反映一栋建筑或一个空间的样式与特征。在立面图中，由于简化了对水平方向空间的表现，立面造型得到了最直观、清晰的表现。除了表现内容的差异，正是由于平面图与立面图在对空间信息的取舍这一关键问题上所作的不同选择，它们在绘图逻辑、思维方式等方面也存在分歧。简单地说，它们为设计者提供了观看想象空间的不同角度。有趣的是，这种观察角度上看似微妙的区别有时还会影响设计结果，即：从平面图而来的建筑和从立面图而来的建筑通常会大异其趣。

在对立面图表现特点的分析中，我们将以爱因斯坦天文台（Einstein Institute of Astrophysics at Potsdam, 1920—1924）的设计图为例来进行分析。

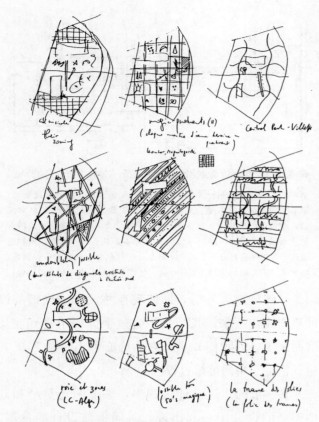

● 图 3-11　拉维莱特公园设计图（屈米，1983）

1983 年，巴黎政府为市区内最后一块大面积空地（125 英亩）举行了设计竞赛。一个注定被载入史册的设计从 470 个竞赛方案中脱颖而出。它就是屈米（Bernard Tschumi，1944—　）所设计的"疯狂的"拉维莱特公园。这个设计为屈米赢得了世界范围的声誉，几乎成为后现代解构主义的同义词。它毫不含糊地突破了以往公园的传统形式，被奉为新世纪的未来公园。不过，从设计过程来看它还是较传统的。在初始阶段，屈米绘制了大量平面图，以探讨巨大的基地内各种可能的布局方式；同时，传统的格网布局依然隐含在平面构图之中

爱因斯坦天文台是德国表现主义建筑❶大师门德尔松（Erich Mendelsohn，1887—1953）的代表作。从天文台众多的设计草图中，我们首先强烈感受到的是门德尔松与密斯迥异的设计风格，以及相似的严谨设计态度。随后，我们也会体会到立面图如何凭借其表现特点，成为推动本设计发展的重要催化剂。

首先，为了更好地理解这个设计项目，我们有必要回顾一下建筑的背景。爱因斯坦天文台的建造，一方面是为了纪念开辟了新时代的广义相对论假设的诞生，另一方面也是出于实用的考量：观察天体运行，以便为相对论假设的论证提供数据支持。对于一般人来说，相对论的深奥理论既新奇又神秘——建筑师正是将公众的这一印象融入了整个创造的主题。与其深远的象征意义相比，天文台的功能要求就相对的简单了：重点是收集宇宙光的观测台，以及分析它们的实验室。

在现存最早的草图中，门德尔松仅仅依靠寥寥几笔的立面图就表明了设计的功能布局（图 3-12）。从草图中，我们看出建筑主体为一座 3 层的观测台，一侧有少量裙房；两个基本的体量一个垂直向上，一个水平延伸，相互映衬。此外，通过图纸，建筑师也初步表露出造型设计的意向：一个浑圆、厚重的造型。

● 图 3-12　构思草图（1917）

天文台功能布局比较简单：观测塔中的定天镜反射宇宙光；裙房中的光谱分析实验室则提供分析、比较这些光谱的仪器。在造型方面，观测台顶部为穹顶；裙房屋顶为较缓的斜坡。在材质选择上亦力图与穹顶有所呼应。此外，入口处的半圆形窗洞也与球形穹顶呼应。其他位置洞口都是简洁的矩形窗户，表明了建筑的尺度。它们与白墙一起组成干净利落的背景。总的说来，建筑与中世纪的灯塔神似：功能明确，造型简洁

然而，灯塔般循规蹈矩的造型显然不足以表达设计师对被纪念的人和事物的景仰与激动情绪。那么，如同相对论一样崭新的建筑造型会是什么样子呢？为此，建筑师绘制了大量草图，不断地修正着前进的航向，经过三年漫长的酝酿发酵，终于渐渐接近理想中的目标：一个与传统建筑的棱角刚硬完全相反、浑身流露出不规则与变化的曲面造型（图 3-13）。

---

❶　表现主义是 20 世纪初发源于德国的文学艺术流派。它强调对内心情感的表达，而忽视对描写对象形式的摹写，因此往往具有对现实的扭曲和抽象化的特征。广义地说表现主义是指任何表现内心感情的艺术。这种艺术体现在建筑中时，空间造型就成为建筑师表达内心强烈情感的载体。

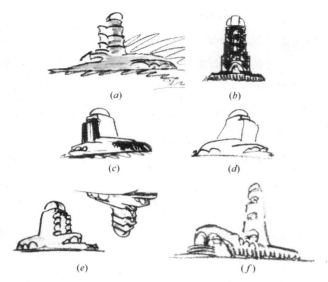

● 图 3-13　概念草图(1918—1920)

这些草图都绘制于 1918 到 1920 年。期间，门德尔松一直踌躇于天文台的造型：他勾画了大量探索性的草图，却一直不甚满意。这些快速勾出的立面图不仅清晰反映出设计概念，似乎还折射出在创新之路上设计师苦苦思索的过程：有机造型是竹节状的还是台阶状的？应该厚重还是轻灵？观测塔与实验室互相对比的体量如何才能浑然一体？与整体形式相符合的构造细节是怎样的？等等。这种迷失的情况一直到 1920 年才有所改变。这一年，前方的迷雾终于消散了。设计师似乎已经决定以充满张力的有机造型来隐喻宇宙的无穷

　　为了拨开笼罩在理想造型上的迷雾，在漫漫三年求索旅程中，陪伴门德尔松的，除了无穷无尽、接踵而来的造型难题，还有为数众多的立面草图。对于建筑师始终关注的造型问题（比如，众多的有机造型如何取舍，结构与构造细节如何才能与之相匹配等），立面图拥有其他视图所无法比拟的独特优势：清一色的立面图帮助建筑师摒弃了一切干扰因素，令整个创造过程更像一个纯粹的造型试验，亦即一个雕塑作品的创造过程。

　　而建筑设计所独有的关于功能、空间等方面的实用考量，则直接延用了一开始就有的布局方案：垂直的观测塔与水平的光谱实验室。这或许也与天文台相对简单的设计要求有关，所以建筑师无需借助平面图来反复推敲功能的平面布局。这样，整个设计惟一的重点和难点就只是造型问题。

　　在造型问题迎刃而解之后，后续的建造过程迅速展开。为了向所有的施工人员解释这个闻所未闻的新造型，建筑师绘制了一系列细致的工程施工图，为每一个弧度都作了详细的尺寸标注。在这一套施工图中，就像我们所预期的那样，占据主导地位的依然是立面图（图 3-14）。

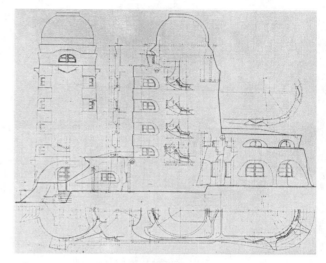

● 图 3-14　爱因斯坦天文台施工图(1924)

为了实现闻所未闻的建筑形式，门德尔松选择红砖作为建造弧角和圆润造型的材料。为此，他在施工图中以尺规描绘出红砖砌接的角度，并辅以数字标注。在这套施工图中终于出现了平面图（画面下侧），但依然处于不太显著的位置——这再次折射出门德尔松的设计理念

　　在整个设计过程中，门德尔松非常少见地一直采用立面图来进行方案构思与提炼。正是这种个性化的设计过程，揭示出门德尔松对于建筑本质的独特理解。与此同时，这个设计的过程也可以作为一个有力的旁证，向我们显示了立面图在造型研究方面如何发挥有效载体和催化剂的功能：简洁而恰当地表达出造型理念，帮助设计者确定、抛弃、提炼、修正前进的方向，一再激发出对形式的发现与再创造。

　　至此我们终于明白：为什么门德尔松与密斯两位大师会选择截然不同的设计图类型来承载自己的设计过程；他们在设计理想等方面的不同预期，促使他们选择了不同的观察角度和辅助工具，毫无意外地导致了迥异的创作成果。

　　显然，立面图是造型探索的理想选择与最佳媒介。一般来说，对于那些特别关注造型的建筑师来说，或是在比较注重营造纪念感的设计任务里，立面图往往都会充当重要的角色（图 3-15）。

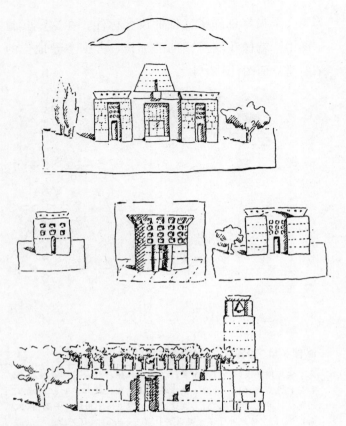

● 图3-15　办公楼立面研究（格雷夫斯，1982）

与同时代的建筑师相比，格雷夫斯（Michael Graves，1934—）仿佛更加热衷于绘图，运用起来也能得心应手。他的速写、水彩画等曾被多次展出、收藏。格雷夫斯求学时得过罗马大奖，受到严谨的古典建筑学教育；设计中也充满了可以唤起历史感的形式。不过，虽然他有非常深厚的绘画功底，他的设计图却没有落入古典建筑画的窠臼，也没有刻意追求作品的艺术性。他在绘图时表现得恰如其分地是个建筑师，而非艺术家。

（3）结构的剖析：剖面图及其表现特点

立面图所反映的空间信息大多是外部造型信息。至于这些神奇的造型是如何在建筑师的脑海里形成的，它们的骨架是怎样被支撑、搭接起来，等等，立面图则往往难以表述明白。然而，建筑师所关心的不仅仅是造型，更重要的是如何将造型梦想付诸实现。但是，我们如何才能接触到这些内在的结构信息呢？为了解决这个问题，我们也可以像医生一样，将建筑垂直剖开，让那些难以直接看到的内部结构、构造信息等清晰地展现出来。结果，我们就获得了剖面图。

从这个角度来说，剖面图与平面图有许多相似之处。例如，为了加强对建筑内部构成的表现力度，两者都借助了虚拟切面将建筑剖开。因此，剖面图在绘图逻辑方面也与平面图十分相似：它们都是结构性、分析性的绘图；它们的区别仅仅在于截取到平面图的是水平剖面，所得到的是建筑水平方向的布局与尺度，而截取到剖面图的是垂直切面，得到的是建筑垂直方向的布局与尺度。

至此，我们应该能够大致想象到剖面图的表现特点了。作为立面图的有力补充，剖面图可以简明、直观地表达出剖切面方向的结构构造、空间布局、人体尺度等方面信息，因此通常被作为推敲建筑结构、竖向交通、室内采光、垂直景观等问题的设计工具。

例如，在当代"高技派"建筑师皮亚诺（Renzo Piano，1937—　）设计梅尼博物馆（Menil Museum，1981）[1]的过程中，剖面图就展示出它在组织、探索竖向设计问题方面的独特优势。

在较早的一张剖面设计图中，皮亚诺探讨了博物馆室内展示空间的纵向布局与竖向尺度问题。从草图上来看，建筑的结构方案比较简洁（比如，清一色的立柱支撑着整片的天窗）。皮亚诺其后通过加粗剖断线的方式，迅速区分出实体墙柱与透空顶棚。剖面中的比例人不但表明了建筑尺度，还可以直观地检验出室内空间的尺度是否宜人（图3-16）。

在下一阶段的设计中，皮亚诺开始在稍大的比例里继续以剖面图的形式更为细致深入地来探寻采光天顶的布局：遮阳板怎样布置才能在容许自然光线射入的同时，将田纳西火热的阳光阻隔在室外；漫反射光线以何种方式进入室内之后，才能以恰当的角度投射到展品上，令观看的行为更为舒适，等等（图3-17）。

---

[1] 梅尼博物馆是休斯顿富有传奇色彩的艺术赞助人梅尼夫妇的私人博物馆，用以展出他们数量惊人的收藏品。在20世纪70年代，梅尼夫妇本希望委托被誉为"建筑诗哲"的现代建筑大师路易斯·康来做这个设计，但是康的意外过世令项目延迟了好几年，使得梅尼夫妇必须继续寻找一个能够理解他们意图的建筑师。在接受设计委托之前，年轻的皮亚诺在建筑界只是暂露头角，声望、成就等与康完全不可同日而语。建筑完工之后，皮亚诺凭其克制而高贵的设计，完全满足了他那不同凡响的委托人的愿望；而这个优雅的博物馆也将皮亚诺重新带回了时代建筑舞台的中心。

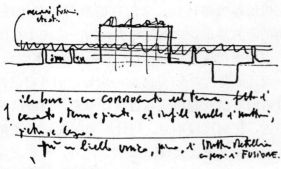

● 图3-16 展厅剖面（1981）

在这张设计图中，设计师探讨的问题包括：（图纸左侧）展示廊道选择怎样的高宽比可以令观众的观看行为更加舒适，（中部）二层展厅与（右侧）下沉展室使用什么尺度才不会令接近的人感到压抑，通长的采光天顶与参观者的恰当关系是怎样的，等等

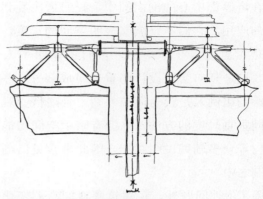

● 图3-18 天窗节点构造（1981）

节点图正中为空心的主杆，连接了两侧的活动杆件。活动杆件采用了流线形的造型，显得更加轻灵，也直观反映出金属材料的受力特性。活动杆件下方为片状的可转动百叶，上侧为建筑的透明顶棚。正是此类兼具技术感与艺术感的精巧设计，为皮亚诺赢得了高技派建筑师代表人物的声誉

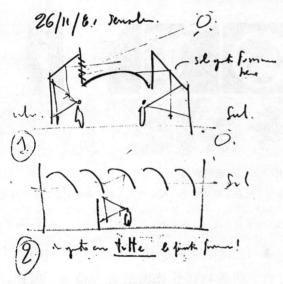

● 图3-17 梅尼博物馆采光设计（1981）

针对两种采光天顶布置方式，皮亚诺分别描绘出自然光行进的路径，以及进入观看者眼睛的方式，据此来确定屋顶构造

在细部设计阶段，设计师依然选择了剖面图来表现天窗的构造节点：固定的较粗的主杆件、可调节的较细的活动杆件、叶片状的百叶，以及它们同时具备技术感与艺术感的组合方式。在节点大样上，建筑师还进一步标注了部分构件的尺寸（图3-18）。

在楼层更多，功能更为复杂的建筑综合体中，剖面图所担负的责任更重。例如在另一位"高技派"建筑师罗杰斯（Richard Rogers，1933—　）的代表作洛伊德中心（Lloyds Headquarter，1984）的设计过程中，设计师就通过剖面图表现出更加丰富、复杂的设计信息，如竖向交通、自然采光、景观绿化，以及与周边建筑关系等问题的综合处理（图3-19）。

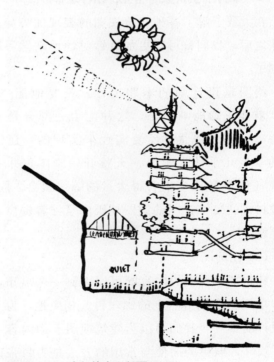

● 图3-19 洛伊德中心剖面（1983）

就复杂的建筑综合体而言，即使是在一张相对简单的剖面图中，所包含的信息也是丰富而繁杂的。在本图中，玻璃大厦的体量局部处理成退台形式，以便与对面建筑有所呼应，不会令入口广场上的人感到过于压抑。跟着人流方向前进，登上台阶进入室内，就可以观察到对于高层建筑而言最为紧要的竖向交通设计了。也可沿大台阶步入地下的展示空间，或进入通高的中庭，登上交错向上的扶梯。往上走到第三层时还可看到另一个小中庭，并观看对面的大中庭。两个中庭、屋顶等处都有其相应的绿化设计与景观考量。关于中庭坡顶的形式图纸也有所解释：其造型是由直射的阳光与背风处风向（以箭头表示）所综合决定的。最后，屋顶上还设置了功能所要求的发射装置

在洛伊德中心的剖面图中，我们再次看到了比例人的应用。它们不仅能够表明空间的尺度，检验它们是否宜人，在本图中，它们还标明了人流方向——这是竖向交通设计的重要组成部分。一般来说，绘制比例人是较为简单易行，且通俗直观的表达空间垂直尺度的方法，并拥有暗示空间功能与流线方向等众多辅助说明功用，因此常常见诸剖面图的绘制之中。

除了上述问题外，在建筑基地的高差变化比较复杂时（如山地建筑设计），也只有依靠剖面图才能清晰地将设计信息表达出来。

3.1.2 简化与抽象：正视图的绘制

在大致了解了各种建筑视图的表现优势与使用方法之后，我们就可以更加有针对性地来学习制图规则了。

绘图是设计师的本职工作，只要他能"读"图，就能正确地画出来。这种能力一部分是通过训练，一部分是通过反复实践来实现的。建筑专业的学生几乎从入学第一天就开始画图，并不断地在各种设计课程中获得大量的练习机会。同样，本教材将就二维视图的制图规则向学习者提供必要的训练。

（1）比例尺

建筑视图表现的内容既可以大到一座城市，也可以小到一个钢节点上的螺丝钉。相应地，为了表明设计的尺度，我们可以为建筑视图上的内容一一标注尺寸，但更为简便与常用的方法是为每张设计图设置一个统一的比例尺（Scale）。

◆ 眼睛的距离

在设计的时候，选择比例尺就好像是在决定我们眼睛距离被设计物有多远。按照我们的日常的经验，这个距离也决定了我们能够对细节观察到什么程度。

因此，在诸如区域规划、城市设计等宏观规划中，设计者的眼睛就应该与设计对象保持较远的距离，以便保持整体性、全局性的视野。按此要求，眼睛的距离越远，比例尺越大，同一栋房子在图纸上所占的面积就越小（有时就只是一个小黑点）。反之，设计概念越微观（如考虑一扇窗户的开启位置），设计者的眼睛就越应该靠近设计对象。当眼睛的距离较近，比例尺较小时，同样面积的窗户在图纸上所占的面积就比较大（图3-20）。此外，在重点部位还可以局部地使用"放大镜"、"显微镜"等，以便能够在更近的距离对某一部分进行更为细致的观察与研究。比如，在对某些节点的构造进行设计时，我们就可以这么做。

● 图3-20 眼睛的距离

这是一个逐层定位的例子。人的视点从太空开始聚焦，逐步确定大洲、山脉、河谷、半岛，然后再深入到城市、街区、建筑群，最后定位到单体建筑物的一个房间里

◆ 比例尺的含义

由于建筑物往往比图纸要大得多，因此，绘图时必须缩小设计图的尺寸，以便与图纸大小相符合。比例尺是指图纸绘制尺寸与实际相对尺寸的比值。例如，在1∶100的图纸上，1cm表示实际距离的1m；如果一个房间的净宽为3m，在图纸上就应将宽度表示为3cm（图3-21）。如果一幅设计图是根据比例尺绘制的，这就意味着它所有向度上的尺寸都是依照选定比例对实际尺寸进行缩小的结果。

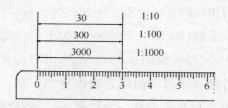

● 图3-21 比例尺的含义（单位为cm）

◆ 应用的选择

在设计过程中,比例尺实际上是依据设计要求与阶段来决定的。例如,在设计的最初阶段往往需要研究周边自然环境、地区文脉等宏观因素对基地的影响,即进行区位分析。这时所作的区位图(Location Plan)的比例尺就非常小,如1:10000,乃至更小。在下一阶段,当需要考察基地周边的人造物等对它的影响时,所作的总平面图(Site Plan)的比例尺就要大一些,比较常见的是1:500或1:1000。然后,在绘制建筑的一层平面图时,往往也要求附带描绘近处的周边环境,这时图纸的比例尺更大,常常在1:100到1:300的范围之间。这样,比例尺的选择除了与设计深度有关外,还与表现图纸的大小有关。在最后阶段的节点设计中,图纸的比例尺最大,如1:20或1:50(图3-22、图3-23)。

一般来说,随着设计的深入,比例也逐渐扩大(即眼睛离靠目标物更近),否则设计者就无法看得足够清楚,无法准确把握该层次问题的关键,更无法准确地预测并应对将来可能发生的情况。

同一个系列的平、立、剖面图一般都会采用同一比例尺,以便让它们反映的信息可以比较直观地相互参考,从而建立起全面的立体印象(图3-24)。

● 图3-24 建筑系列图(美术馆设计,塞萨尔·佩利事务所)

● 图3-22 街区规划图

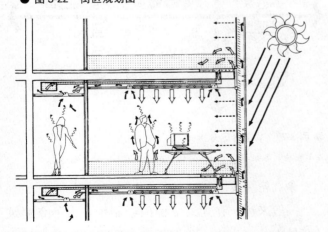

● 图3-23 房间热环境设计(福斯特事务所,商业促进中心)

(2)物体线

在建筑视图中,我们一般都会借助物体线(Object Line)的变化来赋予图纸一定的空间深度感。具体的操作是给不同的线型与线宽赋予特定的含义,从而让这些看似细微的变化能够使图纸上的各类空间信息具有一定的表达(阅读)层次。

◆ 剖断线与可见线

在正视图中,实线的线宽大致分两个级别,即较粗的剖断线与较细的可见线。

在阅读平面图和剖面图的时候,首先抓住我们注意力的总是被加粗的剖断线。即:那些被剖切的实体结构,如实墙、柱子、楼板等的外轮廓线，在绘制时被故意加粗了。如此被强调以后，结构剖断面显著地凸显到了画面的最前方（图3-25、图3-26）。

填充线还可以令设计分区等更加明显，有利于让设计思维变得更清晰（图3-28）。

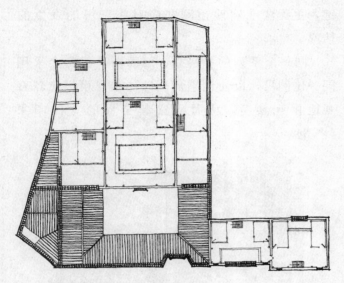

● 图3-25　宏村承志堂二层平面（王睿等，中央美院建筑05级）
图中的剖断线部分被加粗，以便与可见线形成鲜明对比

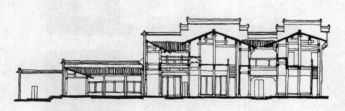

● 图3-26　宏村承志堂剖面（卢超等，中央美院建筑05级）
图中的剖断线部分被涂黑，以便与可见线形成对比

在正视图中，除了剖断线以外的实线都可以被统称为可见线，即没有被剖切，但通过投影后可以被直接看到的线段。如在习惯表达中，门扇、窗棂的投影线都是可见线。

在被加粗的剖断线内部，有时留白，有时还会被涂黑，或被填充纹理等常见处置，以便让图中被剖切的部分更加显眼，达到进一步强调结构实体的效果。

◆ 看线与填充线

可见线也称看线。看线可被进一步划分，以将更细的填充线区分开来。填充线是用来描绘、说明建筑元素材质的线条，如砖纹、木纹等。这些线条不旨在表示形体上的改变，而仅仅是为了呈现出不同建筑元素表面的视觉样式（图3-27）。在草图中，

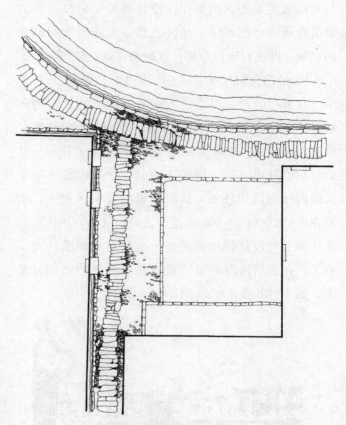

● 图3-27　街道材质研究（郑默，中央美院建筑05级）
在本图中，最粗的剖断线表现了建筑院落的外围轮廓，限定了街道空间边界；较细一级的可见线勾画出湖岸的轮廓；最细一级的填充线细致地描绘了街道空间底面材质的变化，包括石板路、碎石铺地、路沿石、水面等，揭示了街道空间各部分的功能分区

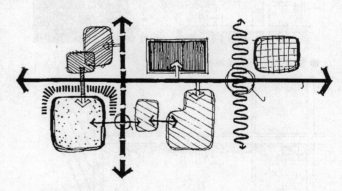

● 图3-28　功能分区分析
在草图中，各矩形块中，不同的填充暗示了不同的功能形式

◆ 轮廓线

一般来说，在建筑立面的绘制中，为了令建筑从背景中凸显出来，我们还会采取将建筑的外轮廓

加粗的措施。为了令线条的等级分明，轮廓线一般采用比剖断线细、比可见线粗的实线来绘制，将建筑与背景空间的距离进一步拉开（图3-29）。

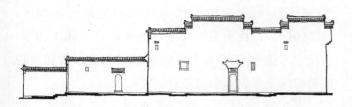

● 图3-29 宏村承志堂东立面（史超等，中央美院建筑05级）

在本图中，最粗的剖断线表地面线；立面的外轮廓线用次一级的实线加粗；门窗洞口等细节用更细的可见线描绘

◆ 不可见线（虚线）

除了常见的实线线型外，正视图中有时还会出现虚线。在投影时，有些无法直接看到，但又不要进行辅助补充的信息，就可以用虚线表示出来，如平面图上的悬挑雨篷、剖断面（一般距离地面1.5m处）之上的高窗，等等。如在图3-9中，绘图者就用虚线表示了德国馆屋顶的位置，以便将室内、外空间较为直观地区分出来。

我们在第1章讨论投影法起源的时候就说过，衡量建筑绘图发展程度的重要尺度是对空间进深的表现能力。因此，在二维视图中，我们会通过加粗剖断线来凸显结构实体；通过不同质地的填充线来让各元素表面具有一定的空间落差；通过改变不可见线的线型来令其退到画面之后。这些措施都是为了尽量改善视图的平面特征，加强它们的空间表现能力。以后我们还要学习的阴影表现方法，也是为了达到同样的目标。

（3）建筑元素及其表达

为了看清楚建筑内部的结构与布局，我们常常用垂直或水平的剖面将建筑切开。将剖面以上的部分移开以后，主要的建筑元素就暴露了出来。沿着切口，一系列专业词汇出现了：墙、柱、门、窗、楼梯，等等。然而，在设计图中，我们不可能去详细描绘每一种建筑元素的具体形式，而是运用若干简化、抽象的习惯表达方式来解决问题。这些习惯画法也如同语言中许多约定俗成的表达方式一样，可以帮助我们用最简单的笔墨将空间信息表现得既直观又准确。

◆ 结构实体

结构实体主要是指墙、柱、梁和楼板等，它们支撑着建筑物本身，并限定了空间的范围。在平面图和剖面图中，为了将被切剖的结构实体与其他投影线段相区别，它的断面轮廓会被加粗加深，成为图纸中最醒目的部分，被凸显到画面的最前方。

在现实建造中，墙、柱、梁等结构实体可能会有多种的结构构造与形态特征。但是，如前所述，平（剖）面图都是分析性绘图，因此在表达时都遵循着共同的抽象表现法则（图3-30）。不过，在构造设计的特例中，柱子就可以用完全写实的方式来进行投影了（图3-31）。

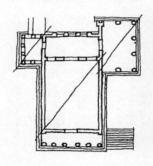

● 图3-30 女神柱廊（雅典卫城）

著名的女神柱廊（图左）在依瑞克提翁神庙的西边，由六根柱子组成，每根柱子都被塑造成身姿婀娜着希腊长袍的少女形象。不过，在平面图中，它们和其他的一般爱奥尼柱式一样，都用简化的方式予以表达

● 图3-31 十字柱（密斯，巴塞罗那世博会德国馆）

密斯的建筑以简洁的空间与精致的细部而著称。他的另一句众所周知的名言是："上帝存在于细部"。十字柱凭借其构造的优雅形式，以及良好的结构性能，成为密斯设计中最常见的元素之一

◆ 门窗

门窗是实体结构上的洞口，与实体结构"封闭"的作用相对，它们的作用在于"连通"，所以在习惯表示法中也是采用与结构实体相对应的"虚"的画法，一般用细实线表示，无需涂黑或填充。现实构造中存在多种门窗类型，但是除了在节点详图中，一般也多是用抽象的方式予以简化表示（图3-32、图3-33）。

尺度的重要标志。

与其他建筑元素相比，楼梯的空间关系最为复杂，形体变化多样，有时还要在设计中发挥画龙点睛的作用。此外，由于楼梯与人的行为密切相关，楼梯的踏步、扶手等的尺度都必须符合人体工程学，在尺寸方面都有较为严格的规范。因此，楼梯可以说是建筑元素表达中的重点与难点。

在正视图中，一般都需要将楼梯的形式、步数、扶手栏杆等，按照实际情况一一投影画出（图3-34）。

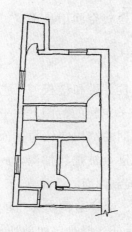

● 图3-32　宏村碧园二层平面 (吴雨航等，中央美院建筑05级) 在这张平面图中，墙面使用较粗的剖断线来描绘，窗户用较细的可见线来描绘。在平面图中，窗户表现为四条细实线，分别表示了窗洞和窗扇的位置，是一种简化后的表示方法，无需表现窗户复杂的构造与装饰情况

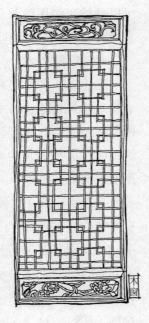

● 图3-33　宏村碧园门窗测绘（吴雨航等，中央美院建筑05级）

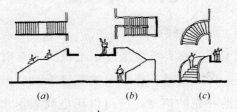

● 图3-34　双跑楼梯
(a)直跑楼梯；(b)双跑楼梯；(c)螺旋楼梯

其次，在现实生活中，门很少是被展开成90°的。但是为了图面表达的条理性，在平面图中，它们通常都被画成为展开90°的样子，并辅以扇形的活动的弧形轨迹。

◆ 楼梯

楼梯连接不同高度的建筑空间，是表现室内空间

与口语和书面语言之间的区别相似，在绘图时图解语言也往往有正式与非正式的区别。在比较随意的设计草图中，我们只需要大致表现出建筑元素的配置意向就可以了。然而，在比较正式的表现图或施工图中，我们必须严格遵循工程制图语言的语汇与语法，按照比例来进行建筑制图。

练习题

1. 图3-35为使用单一细线条所绘制的螺旋楼梯平面图，补全它的立面图，并尝试利用线型与线宽来增强各元素相对深度的表达。

2. 图3-36依次为一栋小别墅的屋顶到地下一层的平面图，它们都是使用单一细线条所绘制的。试通过区分线型、填充纹理等方式来传达各元素的相对深度，以加强平面的进深表达。若对某些线条的含义有疑虑，请作出延伸到第三向度时最有意义的选择。

3. 图3-37为使用单一细线条所绘制的建筑剖面图和立面图（与上题为同一栋建筑），试增强各元素相对深度的表达。若对某些线条的含义有疑虑，请作出延伸到第三向度时最有意义的选择。

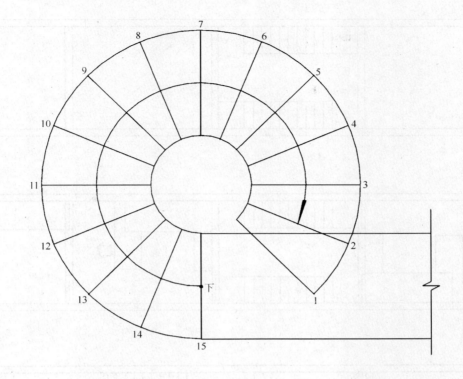

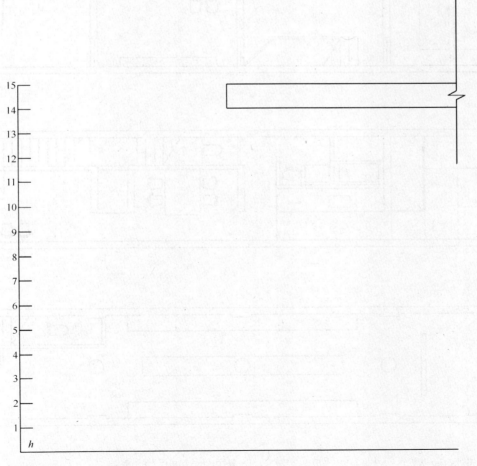

● 图 3-35

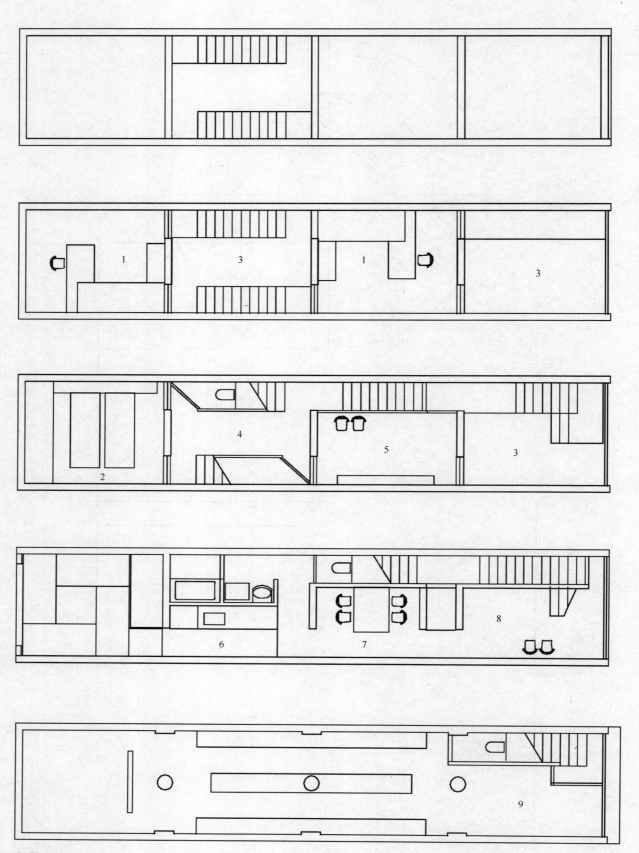

● 图 3-36

1—卧室；2—主卧；3—吹拔；4—中庭；5—书房；6—厨房；7—餐厅；8—起居厅；9—商店

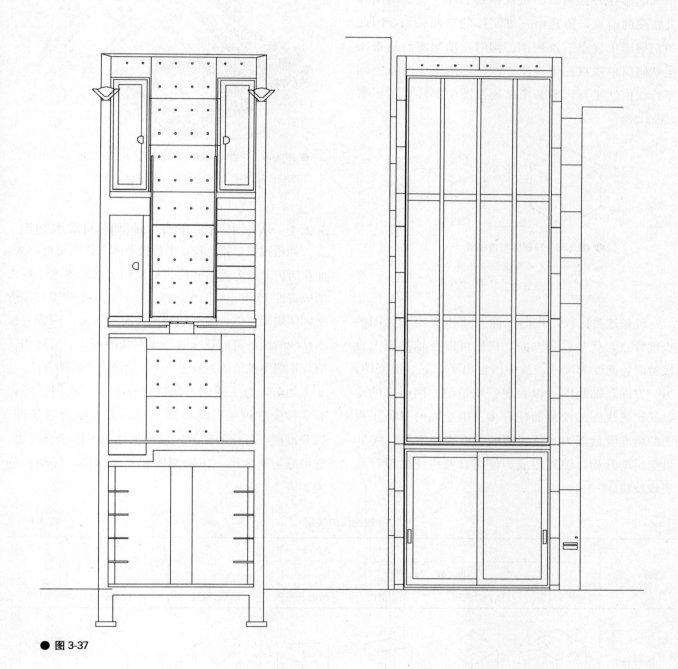

● 图 3-37

3.2 轴测图

轴测图与多视点二维视图虽然同属平行投影，但却能够在一张图纸中按比例组合平、立、剖面等几张图的信息，传达出三维实体的空间关系，因此被归属于单视点三维视图。同时，轴测图与透视图虽然同属单视点三维视图，但在轴测图中所有空间平行线依然平行，不会像在透视图中那样产生汇聚（图 3-38）。

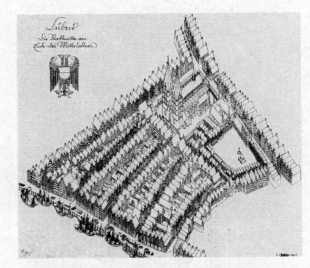

● 图 3-39　中世纪的城镇形态研究（卡尔·格鲁伯，1943；墨水绘于描图纸上，53.5cm×59.5cm）

● 图 3-38　轴测图与透视图
轴测图中所有平行线依然保持平行；
透视图中（与画面不平行的）平行线产生汇聚

经过这番比较，我们已能大致体会到轴测图的表现特点与优势。一方面，我们可以在轴测图上直接量取各向度的尺寸，从中衍生出平、立、剖面图；另一方面，轴测图可以表现三维造型，同时它的绘制又比透视图的绘制简便许多。由于同时具备正视图的精准度量能力和透视图的三维表现本质，从 20 世纪后期开始，轴测图成为使用日益广泛的设计和表现技法（图 3-39）。

3.2.1　从军事图纸开始：轴测图的基本知识

和透视投影相比较，平行投影体系的历史更悠久，而在历史上最为著名和恰当地使用了轴测图这一画法的应首推 16 世纪的军事图纸。那时，出于防卫与建造坚固体块的目的，图纸的精确性至关重要，因为一根不精确的线条可能意味着一支军队的覆灭。与此相适应，轴测图被公认为最适宜于描绘结构原理的方法。

如今，为了强调不同的设计元素，我们已经拥有多种绘图框架，能够以不同的方式组合三视图，以获得视点各异的轴测图。根据轴测图的组合规则，它可分为两大类：正轴测图和斜轴测图。详细的分类如表 3-1 所示。

轴测图的类别　　　　　　　　　　　　　　　　表 3-1

类别	轴测图						
	正轴测图				斜轴测图		
	正等测图	斜二测图	斜三测图	两面正等测	平面斜轴测	立面斜轴测	两面斜轴测
图例	▱	▱	▱	▱	▱	▱	▱
缩比	无	有	有	有	无	无/有	无/有
实际平面	无	无	无	无	有	有	有

从绘制的难易程度来看，有实际平面（指在投影中可以保持其实际形状与尺寸的平面）但无缩比的斜轴测图较正轴测图显然更加简便。然而，在正轴测图中那些繁杂的缩比、旋转角度等必然有其存在的理由。一般说来，它们都是为了便于控制轴测图的三维变形。

下面我们将就各种轴测图的表现特点、控制视觉变形的相关措施，以及实际应用情况等进行大致的比较说明。其中，对视觉变形的控制是轴测图理论研究的重点之一。

（1）正轴测图

◆ 正轴测图的类别

在正轴测图中，物体的投影显示出物体的三个面，三个坐标轴可以按比例绘制，但对角线和曲线产生变形。根据每个坐标轴缩小的比例，正轴测图可以被进一步划分为正等测图、斜二测图、斜三测图（图3-40）。

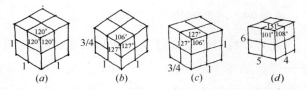

● 图3-40　正轴测图的类别

(a)正等测图；(b)对称斜二测图；(c)不对称斜二测图；
(d)斜三测图

在正等测图中，三个坐标轴之间的夹角均为120°；高、宽、深的尺度比例为1:1:1。因此，三个可见面得到相同的表达程度。

在斜二测图中，我们调整了高、宽、深的绘制角度，结果仅有两个坐标轴与投影面的夹角相同，从而使另一个面获得更加突出的表现。这个面通常被称为主视图。在通常情况下，我们会在主视图的垂线方向采用3/4或1/2的缩比，即，高、宽、深的比例为3/4:1:1，或2:2:1。这样的缩比取值有利于我们在一定程度上控制视觉变形。

在斜三测图中，为了得到更真实的视觉效果，我们对高、宽、深三个方向进行缩比调整，通常取6:5:4的比例关系。此外，图中各坐标轴之间的夹角也有变化。

在所有正等测图中，由于任意两个坐标轴之间的夹角都发生了改变，因此所有平面上的圆在轴测图中都会表现为椭圆。

◆ 正轴测图的应用

正轴测图包含许多较为成熟的倾角与缩比的组合方式，它们能够将造型表达得十分接近日常的观看效果，即透视的方式。因此，在设计的过程中，建筑师常常用这种绘图形式来推敲建筑的造型（图3-41）。

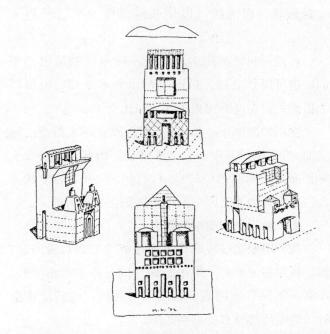

● 图3-41　立面设计（格雷夫斯，路易斯维尔市，肯塔基州，1982）

此为铅笔和钢笔墨线图。立面图也是用来推敲造型的良好载体，不过与体量感十足的轴测图相比，其表现内容难免显得有些片面与单薄。草图中的两张轴测图均为对称的斜二测图，它们相对缩小了屋顶平面与正立面的面积，强调了建筑的侧影

（2）斜轴测图

◆ 斜轴测图的类别

在斜轴测图中，物体的某一组平面始终为实际形状（即反映原视图的形状与大小）。根据实际平面的选择，斜轴测图可以被进一步区分为立面斜轴测图、平面斜轴测图，以及两面斜轴测图（图3-42）。

在平面斜轴测图中，一个物体或建筑的平面视图保持其实际形状和尺寸。后退线（实际平面的垂

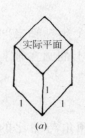 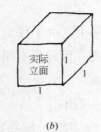 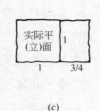

● 图3-42 斜轴测图的类别

（a）平面斜轴测；（b）立面斜轴测；（c）两面斜等测

线）通常为铅垂线。

在立面斜轴测图中，立面与投影面平行且保持实际形状。后退线可以用任何角度的平行线组来表示。

在两面斜轴测图中，保持实际形状的可以是平面，也可以是立面。后退线可以为水平线，也可以为铅垂线。在此方向也可使用缩比。

在斜轴测图中，总有一个面（即实际平面或实际立面）可以保持其形状、大小不变。因此，在这个实际平面内，轴测图中的圆可以保持它原来的形状不变；而在其他非实际平面中的圆则会变形为椭圆。

◆ 斜轴测图变形的控制

我们的眼睛已经习惯于用透视的方式观看问题，即，将向后延伸的一组平行线看成是向一点汇聚的。在看一张没有缩比的斜轴测图的时候，我们常常会觉得后退线部分多少有些变形。

为了令斜轴测图更加接近真实的视觉效果，我们可以对后退线的缩比进行调整。其中，当后退线无缩比的时候，该图被称为等比斜轴测图；当后退线缩比为3/4的时候，该图被称为普通斜轴测图；当后退线缩比为1/2的时候，该图被称为半高斜轴测图（图3-43、图3-44）。

● 图3-43 立面斜轴测图的类别

左：等比立面斜轴测图；中：普通立面斜轴测图；
右：半高立面斜轴测图

● 图3-44 平面斜轴测图的类别

左：等比平面斜轴测图；中：普通平面斜轴测图；
右：半高平面斜轴测图

在实际操作中，后退线的缩比其实还可以有更多的选择余地（图3-45、图3-46）。

● 图3-45 立面斜轴测图的后退线缩比变化

● 图3-46 平面斜轴测图的后退线缩比变化

此外，我们还也可以通过调整后退线方向的方法来控制轴测图的变形。一般来说，后退线角度的选择由物体的形状、特征，以及表现需要等所决定。此外，考虑到尺规作图的方便，建筑师一般偏向于选择可以直接用三角板量度的角度，如30°、45°、60°等（图3-47、图3-48）。

● 图3-47 立面斜轴测图的后退线方向变化

● 图3-48 平面斜轴测图的后退线方向变化

此外，建筑物的长边也不适合作为后退线，因为这样容易产生比较明显的变形，从而使我们为追求真实视效而实施的其他各种努力的效果大打折扣。

◆ 斜轴测图的应用

斜轴测图最显著的优势是绘制简便，即，建筑的总平面、各层平面、立面、剖面等都可以被当作实际平面来生成斜轴测图。同时，在这个投影面内，任何复杂的形状，包括圆、弧线等，都保持其形状、大小不变。人们很早就认识到了轴测图的这一表现优势。比如，从中世纪开始，等比斜轴测图就在军事防御图的绘制中占据了重要地位。

到了现代主义早期，轴测图的东山再起与荷兰风格派运动❶、俄罗斯构成主义的活动不无联系。首先，斜轴测图不像传统透视图那么花哨，可以造成夸张的视觉效果；它只是客观地反映了造型的真实面貌，更好地暗合现代主义摒弃浮华装饰、回归真实功能的基本主张。其次，风格派成员与构成主义者大多都是狂热的理性主义者，在设计中热衷于表现基本形体的组合趣味。而斜轴测图一方面能够提供一种超然物外的客观视角；另一方面，它那精确、理性得近乎刻板的表现风格与风格派、构成主义的设计理念相得益彰，因而在他们题材广泛的设计中被频繁采用，一起带来了设计表现的新气象（图3-49～图3-51）。

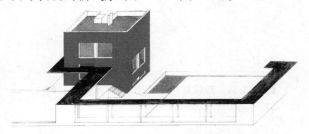

● 图3-49　红色立方体（福尔考什·摩尔纳，低成本住宅设计，1923）

系列版画之一。建筑主体的墙面被刷成鲜艳的红色，这与现代主义中常见的光滑洁白的墙面处理手法大不一样；此外，窗框是白色的，屋顶通道是黑色的。立方体的造型与出人意料的色彩搭配令整个设计简洁而富有诗意。绘图者选择了立面斜轴测图来进行表现，显得理性而不失优雅。这是摩尔纳还在包豪斯求学的时候所做的设计。这张图纸一直由私人收藏，直到1987年才由德国建筑博物馆收购，并得以公开展出

● 图3-50　建筑空间的和谐组合（切尔尼霍夫，1929）

彩色墨水喷绘，72cm×52cm。作品展示了一种抽象的动态平衡。轴测图令复杂的空间构成得以全面、理性而清晰地展现出来

● 图3-51　建筑组合（切尔尼霍夫，1933）

版画，11.5cm×15cm。作品展示了各种类型的建筑造型如何通过复杂的结合方式统一成一个整体。斜轴测图帮助设计师将复杂关系中的条理与秩序简明清晰地表现出来

20世纪70年代中期，新的建筑理想开始与现代主义思想分道扬镳。那时，许多知名的建筑师——特别是新理性主义的代表人物，如罗西、翁格尔斯等人——都通过轴测图来表现自己的新思想。他们的努力使轴测图再次成为表达现代设计理念的重要方法之一（图3-52）。

纵观建筑表现的历史，无论是出于防卫目的，或是出于纯粹的美学考量，轴测图以不同的形式反复出现，始终扮演着传递设计思想的重要角色。这与轴测图绘制简便、表现方式灵活多样，同时还能够在一幅图纸中表达多种信息等方面的卓越能力不无关系，值得我们予以足够的重视。

---

❶ 荷兰风格派运动（De Stijl, 1917—1931），主张纯抽象和纯朴，外形上缩减到几何形状，而且颜色只使用红、黄、蓝三原色与黑、白两种非色彩的原色。运动中的艺术家包括蒙德利安·杜斯堡（Theo van Doesburg, 1883—1931），建筑师包括奥德（J. J. P Oud, 1890—1963）、里特维尔德（Gerrit Rietveld, 1888—1965）等人。

● 图 3-52　法兰克福建筑博物馆（马赛尔斯·翁格尔斯，1984）

钢笔墨线。图中显示的是建筑立面与平面斜轴测图的组合。这种组合有利于造型信息整体性的传递

3.2.2　理性的回归：轴测图的绘制

为了表现室内或室外的空间或造型，轴测图有多种绘图类型与表现技法可供选择。但对于建筑师而言，其中许多选项却在考虑范围之外，因为建筑师在制图时希望尽量避免缩比的应用：一来转换比例的操作耗时过多；更重要的是，采用缩比后无法在图纸中保留实际尺寸。

在保证表现效果的前提下，我们总希望选择绘制最为简便的轴测图类型。这样，等比斜轴测图自然成为最佳的选择。结合这种现实情况，我们在本章也将对斜轴测图的相关知识作出重点讲解。

（1）绘制轴测图的各种选择

在建筑设计的过程中，所有图纸的绘制都有特定的目的。绘图前，我们的首要任务是要预先明确主要视图，然后据此选定轴测图类型。

◆　鸟瞰或俯视轴测图

在研究或表现城市或较大规模的街区时，建筑师们比较喜欢选择鸟瞰或俯视轴测图，因为它们有助于全面地把握设计对象的结构与秩序（图 3-53）。

而在所有提供鸟瞰视点的轴测图中，最为常见的还是平面斜轴测图。这种轴测图绘制相对简便的特点，令它在表现范围较大、形态较复杂的城市空间时，拥有其他绘图类型无法比拟的优势。

此外，为了研究或表现建筑与周边环境的关系、功能布局等内容，平面斜轴测图也可以帮助我们清晰地展现出建筑及其环境的全貌（图 3-54）。

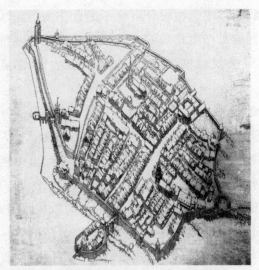

● 图 3-53　中世纪的城镇形态研究（卡尔·格鲁伯，1942）

墨水绘于描图纸上，78.5cm×70.2cm。这张俯视的平面斜轴测图展现了整个小镇的建筑与街道空间。绘图者用对比的手法强调了小镇与周围环境的关系，以及镇内建筑物之间的关系与层次

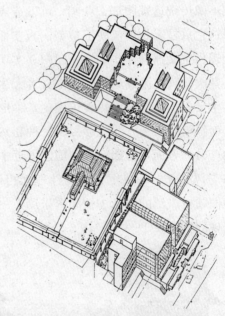

● 图 3-54　西汉南越王墓博物馆（莫伯治、何镜堂，广州，1989）

30°/60°平面斜轴测图。人们在广州象冈山取土进行基础建设时，在削平了半个山头之后，发现了西汉南越王墓的墓室顶盖。建筑设计就是在这样一个高低不平的基地上开始，所建展馆需依山逐步展开。平面斜轴测图展现出基地的高低起伏，以及设计者对这种复杂环境的巧妙处理。由于地面高差较大，博物馆的三个主要院落空间分别位于三个高程上，其中三层的沿街展馆（图纸右下方）被置于城市道路旁的陡坡上。主要院落都被一条折尺形中心轴线串联起来，从而让建筑沿轴线呈严整的对称布局。如此一来，原本一盘散沙般的基地最后被博物馆整合了起来

在一定程度上，平面斜轴测图的这些表现特点与平面图有许多相似之处。它在表现建筑实际平面的同时，也部分继承了平面图在表现、分析方面的特长，例如它在表达平面关系、功能流线等方面的内容时，就显得很有优势。

平面斜轴测图在设计的最后阶段是精美的表现图；除此以外，它在设计过程当中也有诸多用途。在哥伦布中心的设计过程中，蔡尔兹（SOM事务所纽约分部负责人）绘制的草图有许多都是平面斜轴测图。从基地分析、整体造型，乃至细部装饰等多方面考虑，这种轴测图在表现与研究造型问题方面都体现了良好的适用性（图3-55～图3-57）。

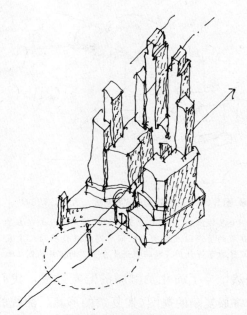

● 图3-56　哥伦布中心造型设计（蔡尔兹，1989）

墨水绘于描图纸上。该草图表现了建筑造型与前面的圆形广场和更远的城市道路之间的对位关系

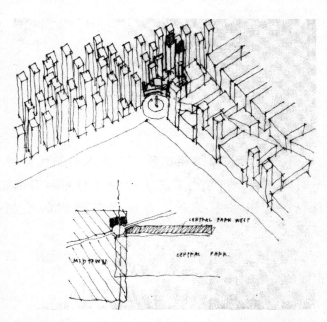

● 图3-55　哥伦布中心基地分析（大卫·蔡尔兹，纽约，1989）

墨水绘于描图纸上。草图下侧有一比例较小的总平面图，用以考察建筑基地与城市环境之间的关系。而草图中占主体地位的平面斜轴测图则进一步表现了建筑造型与城市空间的关系

◆　平视轴测图

与平面斜轴测图的俯视视角相比，立面斜轴测图的视点显得比较低，因此也更为接近我们日常观看建筑的平视场景。因此，在比较重视人的空间感受的设计中（如规模较小的建筑造型、庭院空间、沿街立面等），立面斜轴测图的优势就展现出来了（图3-58、图3-59）。

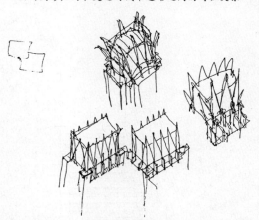

● 图3-57　哥伦布中心塔楼装饰设计（蔡尔兹，1989）

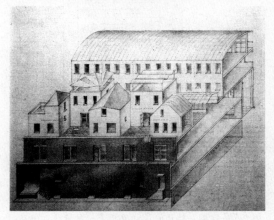

● 图3-58　海滨住宅（斯蒂文·霍尔，佛罗里达，1989）

铅笔淡彩绘制。90°/45°立面斜轴测图。为了表现退台造型对街道空间的影响，绘图者选择沿街立面为主要视图

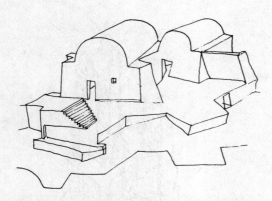

● 图3-59 光的教堂（安藤忠雄，大阪，1989）

钢笔墨线绘制。90°/0°立面斜轴测图。绘图者移去了建筑的屋顶以表现室内空间。图纸以精确的尺度表现了对于设计形式特征来说十分重要的建筑的侧立面

当然，为了简化轴测图的绘制过程，我们还应该考虑将最复杂的视图（如复杂的形状、曲线的造型等）作为轴测图的实际立（平）面，以便在轴测图中保持实际形状（图3-60）。

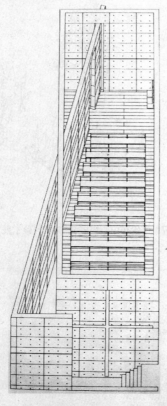

● 图3-60 杜什建筑事务所（维塔达斯·杜什，印度，1980）

钢笔墨线绘制。杜什的设计理想是一种传统、率直，仿佛自然生成的，"没有建筑师的建筑"。这张立面斜轴测图所表现的就是这样一个不规则的建筑造型。绘图者选择将有曲线造型的立面作为主要视图

（2）轴测图的分步绘制

◆ 绘图框架的选择

在明确了轴测图的种类以后，主要视图也就自然地浮出水面了。这时，我们就应开始选择绘图框架了。总的来说，我们趋向于选择具备以下特点的轴测图框架：可以应用实际平面，无缩比，倾角是90°/0°、45°/45°、30°/60°等可直接量取的角度。

在较为常见的正轴测图中，只有正等测图没有复杂的缩比，坐标轴之间的角度也可以通过三角板的配合而直接取得，因此较为常用（图3-61）。

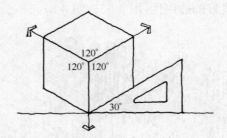

● 图3-61 正等测图的绘制

不过与斜轴测图相比较，正等测图的优势并不明显。结合同学们未来工程设计的实际需求，我们在这里将主要介绍等比斜轴测图的绘制步骤。

理想的立面斜轴测图的绘制基于一个选择：后退线的角度（图3-62）。

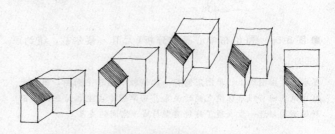

● 图3-62 立面轴测图的后退线倾角比较

图中立面轴测图的后退线倾角分别为30°、45°、60°、75°、90°

我们看到，在倾角较小的立面斜轴测图中，建筑的深度产生了比较明显的变形。例如，在倾角为30°的图中，二分之一立方体看起来就像一个完整的立方体。因此在绘制此种轴测图时，在不使用缩比的前提下，应该注意避免将建筑的长边作为后退线

的方向，因为这种做法一般都会导致比较明显的变形。

此外，我们还应注意，当立面轴测图的后退线倾角为90°时，建筑立面的表现呈现出戏剧性的秩序。因此，这种构图框架通常被用来组织表现建筑的前景、中景和后景，以强调设计中的空间层次。

理想的平面轴测图的绘制一般取决于一个角度：实际平面相对于丁字尺的角度(图3-63)。

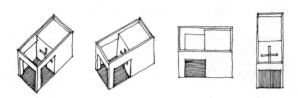

● 图3-63　平面轴测图的平面方向

图中平面轴测图的后退线倾角分别为45°、30°、0°、90°

通过旋转平面图，我们可以发现多种的视觉可能性，令两组立面得到不同程度的表现。不过，无论倾角如何变化，平面斜轴测图所提供的视点都比正等侧图所提供的高，它的表现重点始终都在水平面以上。

◆ 绘制步骤

现在，我们以平面斜轴侧为例，介绍绘制轴测图的一般步骤(图3-64)。

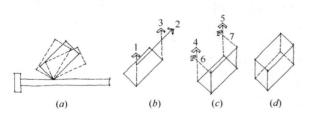

● 图3-64　平面轴测图的绘制步骤

(a) 我们将实际平面置于图板之上，旋转至任何所需角度——这个选择主要取决于研究或表现的重点在哪一个立面上。本图选择的是60°/30°的角度。

(b) 利用丁字尺和直角三角板从任一端点开始，向上绘制垂线1。随后，在垂线上量取物体的实际高度，并从标记点出发，作底面边线的平行线2，并从下一个端点向上绘制垂线3。这样，物体的第一个面就完成了。

(c) 重复上述步骤，依次从各端点向上绘制垂线4、5，以及底面边线的平行线6、7，以完成物体的另外两个面。

(d) 分别绘制可见线(实线)与不可见线(虚线)，完成抽测图。

【例题3-1】 绘制旋转楼梯的平面斜轴侧图。

在绘制旋转楼梯的平面斜轴侧图时，由于平面图为圆形，没有主次立面之分，倾角的选择对结果影响不大。在本题中，我们选择了90°/0°组合。绘制的整个过程大致可分三步(图3-65)：

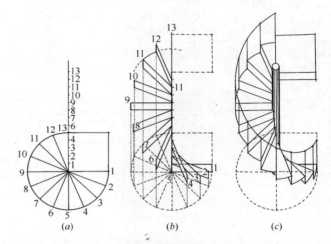

● 图3-65　绘制旋转楼梯轴测图的步骤

(a) 拷贝实际平面(即旋转楼梯的平面图)。从圆心位置升起垂直的后退线，并在上面划分每一踏步的高度，分别用1、2、3……标记，以便与平面图中每一踏步的位置相对应。

(b) 首先绘制踏步1的立面——该立面的下沿在地面上，将它从地面升高一踏步的高度，就得到该立面的上沿。然后，绘制踏步2的立面——该立面的下沿是平面图向上升起一个踏步的高度，在这个高度上再往上升起一个踏步的高度，就得到该立面的上沿。以此类推，依次完成各级踏步的立面。

然后，从中心轴上所标识的各级踏步的圆心绘制踏面外侧的弧线。图中示意了第11级踏步的弧线的画法。以此类推，依次完成所有踏面的绘制。

（c）为楼梯绘制扶手。在每一级踏步上绘制出扶手的高度，再用平滑的曲线连接上述各扶手顶点，形成扶手的形状。最后，绘制楼梯的中心承重柱子。

（3）曲线的处理

为了简化轴测图的绘制过程，我们一般建议将有复杂的形状或曲线的面设为主要表现图，以便在轴测图中保持实际形状。否则，这些复杂形状或曲线将产生变形。

有时，出于整体表现的其他考虑，这些变形在所难免。这时，我们可采用网格法来对变形后的复杂形式(包括圆、不规则弧线等)进行大致的定位与绘制(图3-66)。

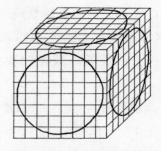

● 图3-66　网格法绘制椭圆

练习题

1. 如图3-67所示，根据下图所示的绘图框架，绘制正球体的斜轴测图。至少完成其中两个系列的斜轴测图，并尝试通过缩比的方式控制视觉变形。

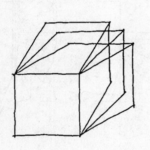 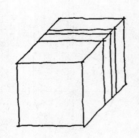 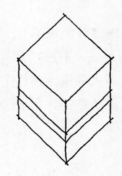 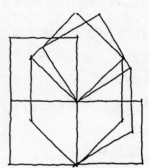

● 图3-67

2. 如图3-68所示，用和已知轴测图相同的绘图框架，从反方向绘制同一形体。

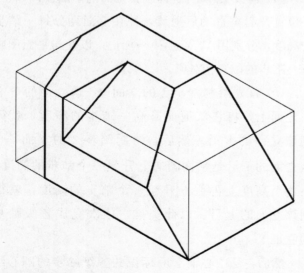

● 图3-68

3. 如图 3-69 所示,绘制两跑楼梯的平面斜轴测图。

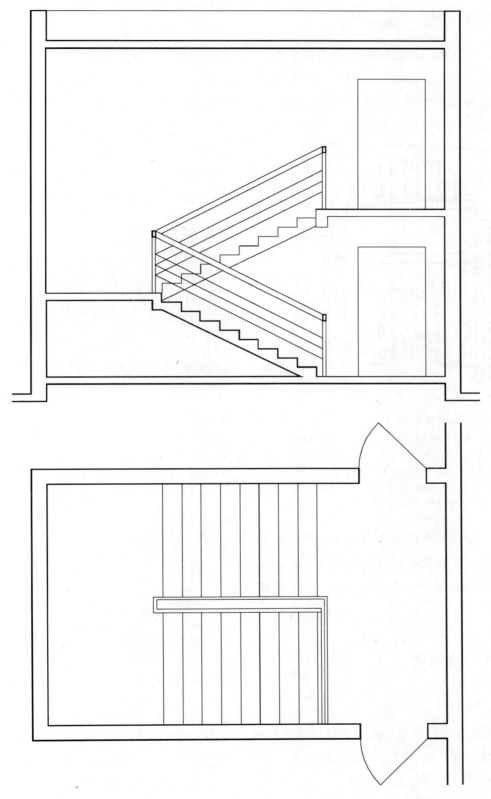

● 图 3-69

3.3 透视图

透视是一种把立体三维空间的形象表现在二维平面上的绘画方法。它所描绘的是观察者站在预设地点向特定方向望去时物体与物体所在的空间在眼睛中所呈现的面貌(图 3-70)。

● 图 3-70　英国国家美术馆(文丘里)

透视图的立体感非常强，近似人的眼睛所看到的场景。在透视图中，同样大小的物体呈现出近大远小的现象；其次，空间任意方向的平行线(平行于投影面者除外)在投影面上都有一个聚焦点，就好像互相平行的两条铁轨总会在地平线上交于一点那样

与平行投影相比，透视属于中心投影图。前者的绘制目的是反映客观存在的机械性视图，而透视则是为眼睛所提供的视觉感应性视图——它既是科学，又是艺术。

3.3.1　透视的基本知识
（1）透视的形成

◆ 透视的沿革

人们对现实生活中的透视现象的关注由来已久。大约从文艺复兴时期开始，欧洲大陆的画家们就开始有意识地观察透视现象，数学家们也开展了相关理论的研究——这比西方对投影法的系统研究早了 4 个世纪。

文艺复兴时期，由于人们对透视的认识有限，相关知识也被神圣化了。当时，透视被认为是一种类似天赋灵感之类的神秘存在。而达·芬奇、米开朗琪罗等不可复得的艺术"天才"就是因为幸运地拥有了这种异乎寻常的上天馈赠才注定要成为人间的传奇人物。按照我们今天的理解，达·芬奇等大师的在透视方面的成就在很大程度上来源于他们对事物的敏锐观察和对前人相关成果的深入归纳。也正因为如此，他们在透视的运用方面才远远超过了那一时代一般的理解水平(图 3-71、图 3-72)。

● 图 3-71　透视研究(达芬奇，1481)

这是达·芬奇为版画"三博士来朝(Adoration of the Magi)"所绘制的草图，目的显然是为了探求背景的准确透视效果。画家从地面开始的，先是不厌其烦地绘制了精确的透视网格，然后以此为坐标绘制了建筑的平面，最后才添加了人物与动物的形象

● 图 3-72　螺旋楼梯图(15 世纪，意大利)

曲线的透视远比直线透视复杂，因此在文艺复兴时期，在绘制穹顶、螺旋楼梯等曲面造型时，变形现象可谓是司空见惯的

为了克服透视变形与误差，尽量准确记录物体在空间的形象，文艺复兴时期的画家还发明过好几种机械装置。德国画家丢勒(Albrecht Dürer, 1471—1528)通过版画记录下了这些艰苦的努力。总的说来，这些装置都有一个透明的画面，以便将视野中的形象直接描绘在上面；其次，还需要一个固定的观察点，

以便确定眼睛的位置（图3-73、图3-74）。

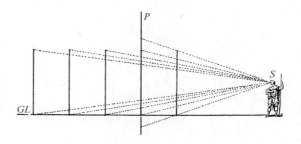

● 图3-75　透视的形成

在透视中，我们通常用 S 表示视点，P 表示画面，GL 表示地平面（一般是指观测者所在的水平面）

● 图3-73　透视装置之一（丢勒，15世纪）

丢勒年轻时曾经到意大利游学，并从那里学习到了透视画法。他在1525年出版了最早的介绍透视画法的教材，令这种知识在16世纪迅速传播开来，不再是专属于少数艺术家们的秘密武器。经由他记录下来的文艺复兴时期的透视装置有着共同的要素：固定眼睛位置的小孔，以及透明的画面

（2）透视的原则

数学家们早已揭开了透视现象的神秘面纱。今天，我们只要学习过相关的透视投影理论，每个人都可以绘制出准确而自然的透视效果，如同历史上的任何一个艺术"天才"那样。总地来说，无论多么复杂的透视现象都遵循着共同的透视原则，它们也是我们学习透视的基础。

首先需要学习的是我们最常见，也最不可能被我们忽视的透视原则。

● 每一组互相平行的平面都消失于一条共同的直线。

这条直线通常被称为消失线（Vanishing Line），以字母 VL 表示。在日常生活中，最为典型与常见的范例是海天一色的景色。无边的海面与天空都消失于遥远的一条直线——天际线。在透视中，这条消失线也被称为视平线（Eyelevel Line），以字母 EL 表示（图3-76）。

● 图3-74　透视装置之二（丢勒，15世纪）

◆　透视的形成原理

今天，在我们求取透视的时候，眼睛位置与画面依旧是两个最基本的要素。其中，人眼所在的位置被称为视点（Station Point），以字母 S 表示，也就是中心投影中所谓的"中心"。而人眼与被观测物之间的假想平面被称为画面（Picturture Plane），也称投影面，以字母 P 表示（图3-75）。

对于同一个实体或空间，透视的效果与观察者所在的位置，以及观察角度有关。也就是说，我们一旦确定了视点与画面，就会获得对象惟一的透视效果，就像在确定的位置照相，一定会在底片上留下相同的图像一样。

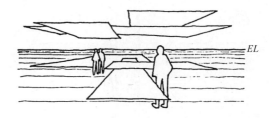

● 图3-76　消失线 VL

同样，一系列互相平行的垂直面也消失于一条共同的垂直线，这条线被称为垂直消失线（Vertical Vanishing Line），以字母 VVL 表示。在日常生活中，我们可以在很长的围栏或围墙旁看到典型的垂直消失线现象（图3-77）。

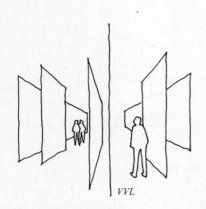

● 图 3-77　垂直消失线 VVL

● 每组平行直线都会聚于它们所在平面的消失线上的共同一点。

这个点通常被称为消失点（Vanishing Point），以字母 VP 表示（图 3-78）。这条定理同样适用于垂直面上的平行线，如砖墙上的勾缝（图 3-79）。

● 图 3-78　消失点 VP

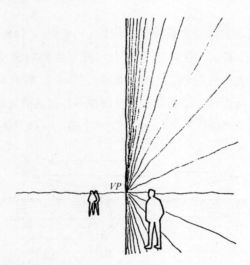

● 图 3-79　垂直面上的平行线的消失点

每组平行线包括所有相互平行的直线。例如，在立方体中，就包含有三组主要的平行线：一组铅垂线，两组互相平行的水平线。以水平线为例，每组水平线的消失点都在视平线上。这就意味着，有多少组平行的水平线，视平线上就会有多少个消失点。

为了绘制透视，必须知道视野中有多少组平行线，以及它们各自的消失点。这个概念对建筑透视的求取十分重要，无论是建筑还是室内透视，往往会有好几组平行线，在一般情况下，我们需要分别找到它们的灭点。

（3）透视框架的分类

在透视图中，一些基本要素，即消失线（VL）、消失点（VP）等，仿佛是整个透视图的骨架，决定了所有空间线条、平面的排列与聚合方式，因此被统称为透视框架。透视框架是由视点（S）与画面的位置（P）所确定，会根据观看者与空间的相对位置的变化而变化。

习惯上，我们用正交的三维坐标轴来度量世界：我们用前、后、左、右、上、下等来描述方向，或者用东、南、西、北来描述方位，等等；此外，一般的立方体建筑都拥有长、宽、高三组主要方向的轮廓线。因此，在这里，我们也将采用立方模型来对透视框架进行分类。根据画面与被观看的立方体的关系，透视框架可以被划分为三类，即一点透视、两点透视和三点透视。

◆ 一点透视

当立方模型在透视图上只有一个灭点的时候，这种透视叫作一点透视（图 3-80）。

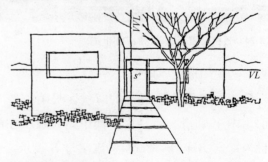

● 图 3-80　一点透视

在一点透视中，VL 为水平消失线（视平线）；VVL 为垂直消失线；它们的交点 s° 就是垂直于画面的主向轮廓线的灭点

此时，画面平行于立方模型的某一个面，即，立方体的三组主向轮廓线有两组平行于画面，另一组垂直于画面。与画面平行的两组平行线在透视图中依然保持平行；与画面垂直的一组平行线消失于相应灭点，灭点的位置为过视点与这组线平行的视

线与画面的交点。因此，在一点透视中，灭点与心点(视点在画面上的投影)重合(图3-81)。

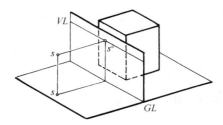

● 图3-81 一点透视的形成

在图中，s°也是视点在画面上的投影，即心点；s为视点在平面图上的落影，即站点。VL为水平消失线；GL为地平线

一点透视的框架包括一点两线，即一条水平消失线和一条垂直消失线，以及它们所确定的心点。在绘制一点透视的时候，我们首先需要在画面上确定这一点两线的位置(图3-82、图3-83)。

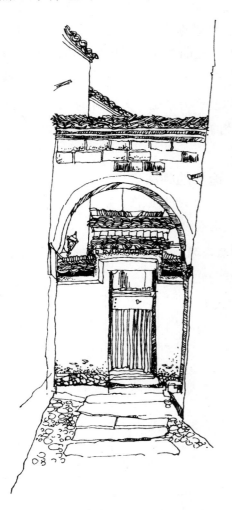

● 图3-82 宏村街巷(郑默，中央美院建筑05级)

● 图3-83 宏村敬修堂入口(杨晓，中央美院建筑05级)

◆ 两点透视

当立方模型在透视图上有两个灭点时，这种透视叫两点透视(图3-84)。

此时，立方体的三组平行线只有一组平行于画面。与画面平行的一组平行线在透视图中依然保持平行；与画面既不平行又不垂直的两组平行线分别消失于两个灭点，各组平行线的灭点位置为过视点与该组线平行的视线与画面的交点，通常以V_1、V_2表示(图3-85)。根据透视的原则，水平线的灭点都在视平线(消失线)上。

● 图3-84 两点透视

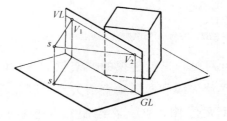

● 图3-85 两点透视的形成

两点透视的框架包括两点三线，即一条水平消失线和两条垂直消失线，以及它们所确定的两个灭点（图3-86）。

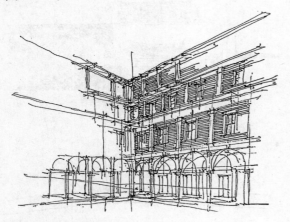

● 图3-86 建筑立面研究

◆ 三点透视

当立方模型在透视图上有三个灭点的时候，这种透视叫作三点透视；它们一般都是俯视图或仰视图（图3-87）。此时，立方模型的三组平行线均不平行于画面，且分别消失于三个灭点，通常以 V_1、V_2、V_3 表示（图3-88）。根据透视的原则，水平线的灭点 V_1、V_2 依然在视平线上；垂直线的灭点 V_3 在视平线之下的为俯视，在视平线之上的为仰视。

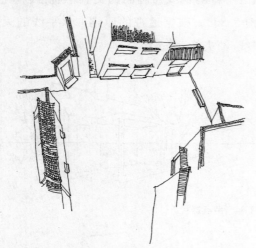

● 图3-87 宏村小广场研究（郑默，中央美院建筑05级）

由此可见，三点透视的框架包括三点四线，即两条水平消失线和两条垂直消失线，以及它们所确定的三个灭点（图3-89）。在绘制三点透视的时候，我们首先需要在画面上确定这三点四线的位置。

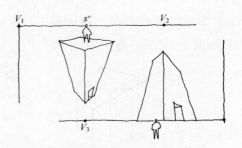

● 图3-88 三点透视

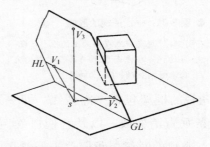

● 图3-89 三点透视的形成

需要指出的是，有关三种透视的上述说明并非暗示这些类型的透视中分别只有一个、两个，或三个灭点。灭点的数量，跟场景中有多少组与画面相交的平行线有关。这里所说的几点透视，只是以一个立方体模型为基础，大致讨论了视点、画面与被观察物体的几种基本关系。

3.3.2 透视的画法

（1）透视的投影画法

◆ 水平线的透视长度

【例题3-2】 已知地平面上的矩形，绘制其透视图（图3-90）。

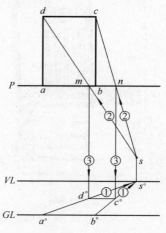

● 图3-90 一点透视的水平线

(a) 确定透视框架。首先，判断本题为一点透视。然后，应该确定垂直于画面的平行线的灭点：在透视中，灭点的位置为过视点与这组线平行的视线与画面的交点，因此，在一点透视中，灭点就是心点，即视点 S 在视平线上的投影 $s°$。

(b) 绘制画面上点的透视。画面上的点，其透视与其投影重合。因此，我们可以直接绘制出画面上的 A、B 点的透视 $a°$、$b°$。

(c) 确定 D、C 点的位置。① 分别连接 $s°a°$、$s°b°$，即作线段 AD、BC 的全直线透视。② 在平面图上连接 sd、sc，得到它们与画面 P 的交点 m、n 点；③ 从 m、n 点分别向画面引垂线，与 $s°a°$、$s°b°$ 的交点即为 D、C 点的透视 $d°$、$c°$ 点。

本题使用的求透视的方法被称为视线法，它由两个基本步骤组成。① 利用灭点确定全直线（线段所在直线）的透视：首先确定两点，即该直线与画面的交点，以及它的灭点，如在图 3-91 中的 $a°s°$；② 求水平投影线段的透视：即确定线段的两个端点，如在图 3-91 中确定 $a°$、$d°$ 的位置。以上方法是建筑师常用的求透视的方法，因此也被称为建筑师法。

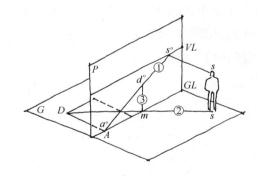

● 图 3-91　视线法的原理

【例题 3-3】绘制地面上平面图的透视（图 3-92）。

(a) 确定透视框架。首先判断这是一个两点透视，应该有两个灭点落于视平线上。然后求两点透视的两个灭点。在透视中，灭点的位置为过视点与这组线平行的视线与画面的交点。① 过平面图上的 s 分别作两组主向轮廓线的平行线，与画面线 P 分别相交于 1、2 点；② 从 1、2 点向画面引垂直联系线，

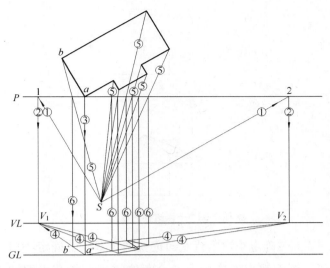

● 图 3-92　两点透视的水平线

与视平线 VL 的交点即为所求灭点 V_1、V_2。

(b) 绘制画面上点的透视。③ 从平面图上的 a 点向画面的地平线引垂直联系线，确定画面上的 A 点的透视 $a°$。

(c) 确定 B 点透视的位置。④ 在画面上绘制线段 AB 的全直线透视，即连接 $V_1a°$；⑤ 在平面图上连接 sb，⑥ 从连线 sb 与画面线 P 的交点向画面的地平线引垂直联系线，与 $V_1a°$ 的交点即为 $b°$ 的位置。

然后，使用同样的方法，依次确定、连接平面图上其他点透视的位置，完成解题。

◆ 垂直线的透视长度

垂直线与画面平行，因此它们的透视也依然保持垂直的方向。不过随着垂直线与画面距离的改变，它们的高度会产生近大远小的现象。垂直线的透视高度一般被称为量高。其中，位于画面上的垂直线的量高等于它的真实高度，因此被称为真高线。

【例题 3-4】根据已知画面与视点，绘制小房子的透视（图 3-93）。

(a) 确定透视框架。首先判断这是一个一点透视，灭点为 $s°$。

(b) 绘制画面上点的透视。小房子的正立面在画面上，它的透视与其立面投影全等。

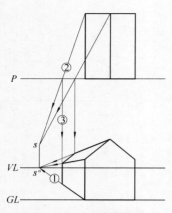

● 图 3-93 一点透视的量高

(c) 确定小房子背立面透视的位置。①确定小房子与画面垂直的各棱线的全直线透视；②在平面图上连接背立面各点与站点 s；③从上述连线与画面线 P 的交点向画面引垂直线，与各棱线的全直线透视的交点即为所求背立面各点的透视。

在本题中，小房子正立面上的垂直线都是真高线，它们的高度反映垂直线的实际高度；背立面上的垂直线的量高都小于它们的实际高度。

【例题 3-5】 根据已知画面与视点，绘制两个立方体的透视（图 3-94）。

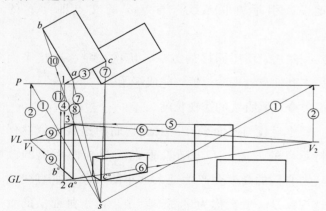

● 图 3-94 两点透视的量高

(a) 确定透视框架。这是一个两点透视，有两个灭点。①过平面图上的 s 分别作两组主向轮廓线的平行线，分别与画面线 P 相交；②从上述交点向画面引垂直联系线，与视平线 VL 的交点即为所求灭点 V_1、V_2。

(b) 寻找真高线。先求左侧的立方体的透视，它与画面没有交点。③在平面图上延长 ac 与画面线 P 相交于 1 点；④从 1 点向画面引垂直线至地平线 GL，

此直线即为真高线；⑤在真高线上量取 2—3 的高度为立方体的实际高度。

(c) 确定立方体的透视。⑥绘制线段 AC 的全直线透视，即连接 2—V_2；⑦连接平面上的 sa、sc；⑧将 sa、sc 与画面 P 的交点向画面的 AC 的全直线透视引垂直线，所得交点分别为 $a°$、$c°$；⑨绘制线段 AB 的全直线透视，即连接 V_1—$a°$；⑩连接平面上的 sb；⑪将 sb 与画面 P 的交点向画面的 AB 的全直线透视引垂直线，所得交点即为 $b°$。

然后，按照同样的方法，依次确定右侧立方体各点的透视。

◆ 建筑物的透视

用投影画法来绘制建筑的透视，我们一般需要准备两种正视图：对于建筑室外透视而言，一般是平面图和立面图；对于室内透视而言，有时则会是平面图和剖面图。然后，我们需要确定透视的框架：在平面图上确定画面与站点，以及在立面图上确定地平线与视平线。做好这些准备工作以后，我们就可以开始绘制建筑的透视了。

建筑透视的绘制一般从平面图开始。为此，我们首先须将平面图的透视确定下来，然后在此基础上求取建筑各部分的量高。依照这一步骤，我们就可依次完成整个透视图的绘制。在一般情况下，我们无需在透视图中绘制不可见部分的透视。

【例题 3-6】 根据已知画面与视点，绘制建筑物的透视（图 3-95）。

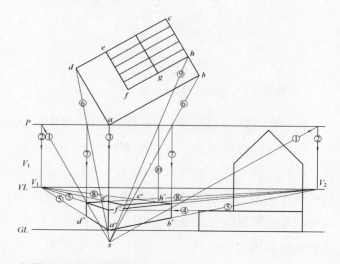

● 图 3-95 建筑物的透视

(a) 确定透视框架。判断本题为两点透视，有两个主向灭点。①过站点 s 作两组主向轮廓线的平行线，与画面线 P 相交；②将上述交点分别投射到视平线上，即为灭点 V_1、V_2。

(b) 寻找真高线。点 a 在画面上，为真高线。③自点 a 直接投射到地平线 GL 上，得其透视 $a°$；④量取真高线高度。

(c) 绘制建筑基座的透视。⑤绘制 AB、AD 的全直线透视，即连接 $a°—V_1$ 和 $a°—V_2$；⑥连接站点 sb、sd，⑦将连线与画面的交点投射到对应的全直线透视上，即得到 B、D 点基座转角的透视和量高；⑧绘制 BC 的全直线透视；⑨连接 sh，⑩将连线与画面的交点投射到对应的全直线透视上，得到 H 点基座转角的透视 $h°$。用同样的方式得到 $e°$、$f°$。

(d) 绘制坡顶小屋的透视（图 3-96）。首先需要寻找真高线。⑪延长墙面 BCH 到画面线 P，从交点向地平线引垂线，即为真高线；⑫在真高线上量取小屋檐口和屋脊的实际高度；⑬利用真高线确定小房子 H 点处檐口和屋脊的量高；⑭由小房子 H 点处檐口和屋脊的量高确定 G 点屋脊的量高和 F 处檐口的量高；⑮确定屋脊线和（可见的）檐口线的透视，即可完成屋顶的透视。

影的灭点为 V_2，则它们的灭点必然在通过 V_2 的铅垂线上（图 3-97）。

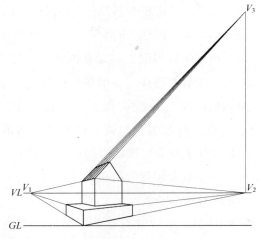

● 图 3-97　斜线的灭点

【例题 3-7】　根据已知画面与视点，绘制建筑物的透视（图 3-98）。

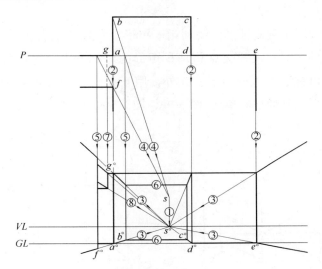

● 图 3-98　建筑室内的透视

(a) 确定透视框架。判断本题为一点透视，这个灭点与心点重合。①过站点 s 向视平线 VL 作垂直线，得 $s°$。

(b) 寻找真高线。A、D、E 点的墙角均在画面上，为真高线。②从平面上的 a、d、e 点向画面的地平线引垂直线，得到真高线的位置 $a°$、$d°$、$e°$，在这些位置分别按实际高度绘制墙角透视的高度。

(c) 绘制墙面的透视。③绘制 AB、DC 墙面的全直线透视；④在平面图上连接 sb、sf（F 处墙角在画

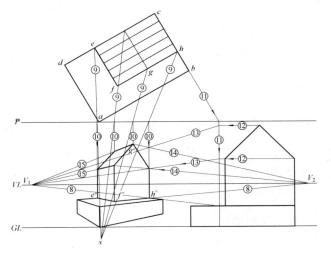

● 图 3-96　建筑物的透视

坡屋顶上的倾斜直线互相平行，它们也应该有共同的灭点。上行倾斜直线的灭点 V_3 在视平线 VL 上方，根据透视原则，这组倾斜的平行线的水平投

面前方，因此相当于延长 sf 与画面相交）；⑤将 sb、sf 与画面线的交点投射到 AB 的全直线透视上，即得到 B、F 点墙角的透视和量高；⑥由于墙面 BC 平行与画面，因此它的顶边依然保持水平的方向，因此通过推平行线可以得到 B 点墙角的透视和量高。

(d) 绘制屋梁的透视。屋梁在平面图上用虚线表示，它与墙面的交角 G 在画面上，为真高线。⑦从平面上的 g 点向画面引垂直线，得到真高线的位置 $g°$，并在真高线上量取屋梁的高度；⑧绘制屋梁的全直线透视，最后确定屋梁的透视。

(2) 透视的辅助画法

建筑物的造型通常较为复杂，因此绘制透视的步骤也相对繁杂。一般来说，在用投影法求得建筑的主要轮廓以后，我们可以灵活运用初等几何的知识，在透视图中添加建筑细部的透视，简化作图，提高效率。

透视的辅助画法利用了矩形对角线的几何属性，即，对角线的交点总是在矩形的对称轴上，因此可以被用来等分矩形。此外，用互相平行的对角线也可以延伸空间单元（图 3-99、图 3-100）。

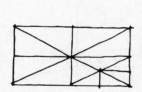

● 图 3-99 用对角线等分空间单元

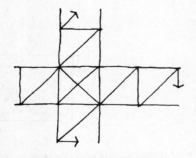

● 图 3-100 用对角线延伸空间单元

◆ 透视矩形的分割

运用对角线的这种属性，我们就可以在透视图中直接等分矩形了（图 3-101）。对于平行于画面的垂直线而言，我们可以通过尺规量取的方法直接划分。然而，对于不平行于画面的线段而言，由于存在近大远小的透视现象，它的长度是无法通过尺规来直接量取与划分的。这时，我们可以添加对角的辅助线，将垂直方向的划分转化到纵深的方向。

如果我们从对角线的交点作垂直线，就可以将矩形依次划分为二、四、八……等分，如图 3-101 左侧矩形所示。如果我们要将矩形进行奇数等分，如三等分，如图 3-101 右侧矩形所示，我们还是可以利用一条对角的辅助线，然后将可度量的垂直线划分为三等分，这两条三等分线与对角线有两个交点，通过这两个交点作垂直线，就可以完成矩形的三等分操作。

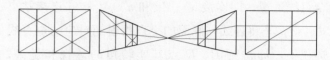

● 图 3-101 透视面的划分

◆ 透视矩形的延续

【例题 3-8】 在透视的进深方向，连续绘制四个相等的透视面（图 3-102）。

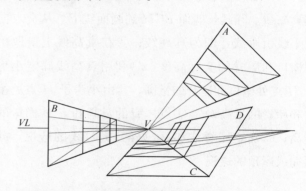

● 图 3-102 一点透视中透视面的延伸

利用对角线来延伸透视面有三种可能的操作方法，现一一介绍如下：

(a) 在矩形面 A 上，先找出矩形后边的中点，然后从前角通过这个中点延伸对角线，与矩形延伸的边相交，从这个交点绘制平行于前边的线条，即完成一个单位矩形的延伸。重复此步骤，完成四个透视面的延伸。

(b) 在矩形面 B 上，将矩形的前边四等分，连接各等分点与灭点；通过前角与第一个等分点绘制对角线，与之前绘制的各水平辅助线相交，自各交点绘制垂直线，完成四个透视面的延伸。

(c) 四个相等的透视面的对角线在现实中互相平行，因此在透视图中有共同的灭点。在矩形面 C 上，延长第一个透视面的对角线与视平线相交,求得这一组矩形的对角线的灭点,连接灭点与矩形的后角,与矩形延伸的边相交,从这个交点绘制平行于前边的线条,即完成一个单位矩形的延伸。重复此步骤,完成四个透视面的延伸。

(d) 由于矩形面 D 与相邻的矩形面 C 等深,因此,在矩形面 D 的进深方向,我们可以利用矩形面 C 延伸单元的顶点,直接推平行线,完成四个透视面的延伸。

对于两点透视中的矩形单元,我们也可通过添加对角线的方法,在纵横两个方向对它进行延伸(图 3-103)。如图所示,首先绘制第一个矩形的对角线与视平线的交点,这就是对角线的灭点 V_3。其他矩形的对角线都平行于第一个矩形的对角线,因此消失于同一个灭点。据此可以绘制出一系列连续的矩形单元。

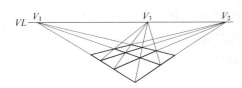

● 图 3-103　两点透视中透视面的延伸

◆ 建筑细部的透视

利用透视的辅助画法,我们可以较为方便地在建筑的主要轮廓内添加门、窗等细部的透视。

【例题 3-9】　在透视的进深方向,按照已知间距补齐四个等大的开间(图 3-104)。

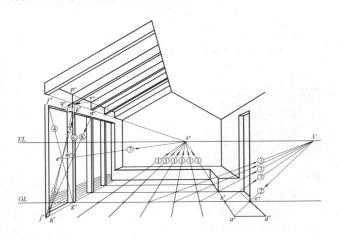

● 图 3-104　室内透视

(a) 绘制铺地的透视。①根据已知地砖的宽度 $b^{\circ}c^{\circ}$ 等分室内跨度,连接各等分点与心点 s°;②绘制已知地砖的对角线 $a^{\circ}c^{\circ}$,与视平线交于 V 点,这是所有地砖对角线的灭点;③连接各等分点与对角线灭点 V,依次绘制地砖铺地。

(b) 绘制门洞的透视。④确定矩形门洞 $FGHI$ 的对角线的交点 E;⑤延长 JE 与 FI 的全直线透视交于 K 点,⑥从 K 点向下画垂直线,即为第二个门洞的前棱;⑦连接 $e^{\circ}s^{\circ}$,得到第一个门洞的后棱的中点 m°;⑧延长 JM 与 FI 的全直线透视交于 N 点,从 N 点向下画垂直线,即为第二个门洞的后棱。用这种方法依次确定其余两个门洞的透视。

(c) 绘制天窗的透视。分别从 I、K 点向上作垂线,确定天窗窗棱的位置 P、Q、R 点。由于窗棱线平行于画面,因此过 p°、q°、r° 作窗棱线的平行线,完成第一根窗棱的透视。用这种方法依次确定其余两根窗棱的透视。

(3) 透视的直接画法

从前面简单透视投影的案例中,我们发现用传统的投影法求解建筑物透视的过程十分繁杂。这也是为什么虽然我们在日常生活中始终都是以透视的方式来获取造型与空间的信息,但是透视图至今仍不是最为常用的设计图类型。透视图未能成为设计图常用类型的另一个原因是:我们总需要准备好完整的平面与立面,然后才能开始"计算"。这往往意味着,在所有的设计决策作出之前,即在整个设计过程中,透视图都是无法应用的。

那么,我们可否令透视的绘制更加简便呢?可否在不具备完整的平、立面图纸之前就开始在探索性草图中绘制透视呢?

透视投影(Projected Perspective)的优势在于度量以及视觉计算上的准确性,也更体现透视的科学性。而在设计中,在平、立面尚未定型之前,设计师也需要用透视来辅助设计思维,这时则更强调视觉感官,更强调透视的艺术性。我们在本节中将学习一些较为快捷的透视画法，希望帮助同学们更自由灵活地掌握透视的画法，能够在设计的过程中随时发挥透视的三维表达优势，使之成为更为常用的设计绘图形式与工具。

◆ 透视中的空间网格

与基于精确的尺度度量的透视投影法相比，直接透视法更加关注相对的尺度与比例的度量。因此，我们可以根据设计的需要、以及人体的尺度，确定并绘制大致的透视网格。一般来说，在表现较大规模的建筑设计时，我们应该选择较大的空间网格；在表现较小尺度的建筑设计时，我们应该相应地选择较小的空间网格（图 3-105、图 3-106）。

空间网格的绘制遵循透视的一般原则。总的来说，根据建筑中平行线组与画面的关系，我们可以将它们大致分成两大类：与画面平行的直线，以及与画面相交的直线。如果平行线组与画面平行，则它们保留原来的方向，继续保持平行，不会产生聚合现象；但是随着它们距离画面越远，等长的线段的尺寸看起来就越小，即常说的近大远小的现象。同理，与画面平行的平面的形状也不会变化，只是越远越小。如果平行线组不平行于画面，其中线段的方向与长度就都会发生改变。

因此，在直接透视的空间网格中，在不影响整体表现效果的前提下，我们一般都倾向于采用一点透视的透视框架，这就不但能够尽量多地保持与画面平行的平行线组，而且灭点通常也在画面之内，有助于简化绘图（图 3-107）。而在不得不使用两点透视的时候，我们也可以采用一种与一点透视较为接近的透视框架，即一个灭点在画面之内，另一个灭点在很远的地方，相应的平行线组的聚合现象就不是十分明显（图 3-108、图 3-109）。

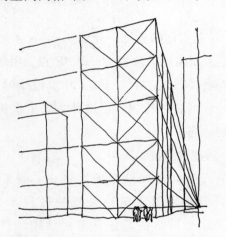

● 图 3-105　大型建筑设计的空间网格

在大型公共建筑设计中，我们选择的空间单元尺度往往有一两层楼那么高，以便对整体的造型效果进行比较宏观的研究

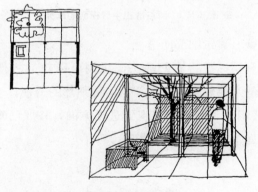

● 图 3-107　一点透视的透视网格

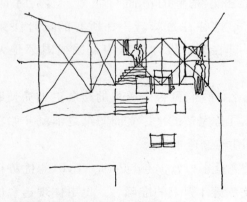

● 图 3-106　室内设计的空间网格

在比较贴近人体尺度的室内设计中，空间单元有时只有人体那么高（甚至更小），以便对比较细微的尺度方面的变化进行研究

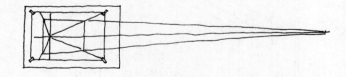

● 图 3-108　常被推荐的两点透视框架

在这种透视框架中，垂直方向的主向轮廓线依然保持平行，进深方向的主向轮廓线向画面内的一点聚合，面宽方向的主向轮廓线指向一个遥远的灭点，因此聚合现象不是十分明显，在这个面上的近大远小的透视现象也不是十分明显

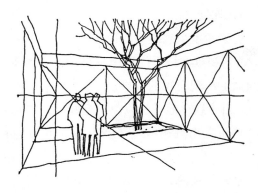

● 图 3-109　两点透视的空间网格

◆ 绘制步骤

在透视的直接画法中，我们需要首先确定下来的是空间网格。第一个空间单元需要根据感觉来估计，往后的空间单元则可以利用对角辅助线来进行延伸（图 3-110）。然后，我们就可以在空间网格内绘制建筑构件与人物了。

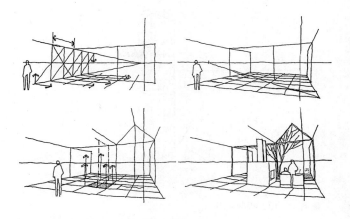

● 图 3-111　室内透视的直接画法

①确定透视框架，依靠直觉估计第一个空间单元三个主向轮廓线的方向与缩比，然后用对角线延伸这个矩形单元；②利用对角线完成地面网格的绘制，确定房屋边界的位置以及墙面的量高；③从地面网格上大致估计壁炉、屋脊的位置，并赋予相对的高度；④完成主体建筑的透视，并添加细节（如窗棱）与配景（如家具、人物、树木等）

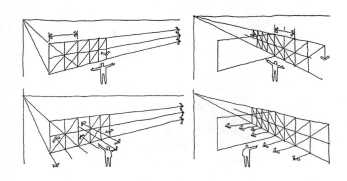

● 图 3-110　绘制空间网格

①确定透视框架，包括画面内的灭点，以及平行线向画面外灭点聚合的趋势；②依靠直觉估计第一个空间单元的高宽比，然后用对角线延伸这个矩形单元；③在进深方向延伸空间单元，第一个进深单元的长宽比也是需要估计的，然后用对角线延伸这个矩形单元；④完成三维的空间网格

例如，在图 3-111 所示的室内透视中，我们需要根据建筑的规模大致确定空间网格的大小。网格大致是根据地砖的大小来确定的，而墙面部分的网格则要稀疏一些。然后在地砖的相应部分按比例放置壁炉、家具和人物。最后，添加绘制配景，以增加透视图的真实感。

此外，在比较简单的透视框架中，或者在比较熟悉透视的直接画法之后，我们就可以省略透视网格的绘制（图 3-112）。

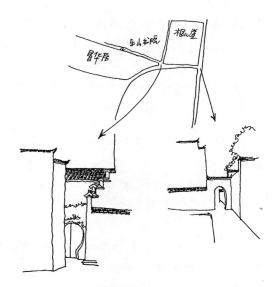

● 图 3-112　宏村路径研究（杨晓，中央美院建筑 05 级）

3.3.3　透视视角的选择

（1）视锥的选择

当一个人不转动头部观看时，他能够看见的范围是有限的。这个范围就是以人眼为顶点，以中心视线为轴线的锥面，因此也被称为视锥。视锥的顶角为 60°。在这个范围以外，造型与空间就会发生变形（图 3-113）。

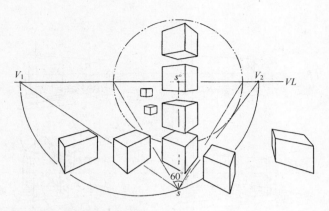

● 图3-113　视锥的影响

在60°的视锥范围以内，立方体造型清晰真实；在视锥范围之外，立方体造型就会失真

因此，在绘制透视图时，我们一定要将建筑物放在这个视锥范围之内，以保证视角大小适宜。一般以30°～40°的视角为宜。

(2) 视高的选择

视高是指人眼到地面的距离，在透视图中表现为从视平线到地平线的距离(图3-114)。

● 图3-114　视高

在平视的时候，视高等于正常人眼的高度。这时，只要是站在地平面上的人，无论距离画面的远近，他们的眼睛都落在视平线上

随着视高的变化，由于视平线到地平线之间相对距离的改变，画面中也会产生不同的透视效果，即(图3-115)：

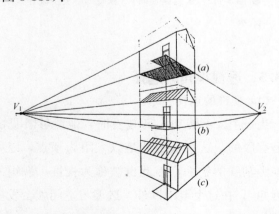

● 图3-115　视高的影响

(a) 当视点在地平线以下时，画面上出现仰视的效果，这种角度也被称为虫视；

(b) 当视点在地平线以上，且为正常人眼的高度时，画面上出现平视的效果；

(c) 当视点在地平线以上，且高于建筑屋顶的高度时，画面上出现俯视的效果，这种角度也被称为鸟瞰。

在绘制透视的时候，我们可以根据设计侧重点、表现需要等来确定透视的视高(图3-116～图3-118)。

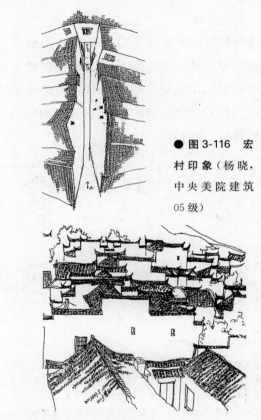

● 图3-116　宏村印象（杨晓，中央美院建筑05级）

● 图3-117　宏村小巷（张若谷，中央美院建筑05级）

同样是俯视，不过前一幅画的视点更高，显然是为了表现小巷中强烈的封闭感。后一幅画的视点稍低，表现出村落中鳞次栉比的屋顶的造型趣味

(3) 视距的选择

视距是指站点到画面的距离。视距对透视图最主要的影响是它会改变建筑物在进深方向的聚合趋势。视点离画面越近，视距越小，灭点距离画面中心也越近，因此平行线聚合的趋势越明显，进深方向水平线的角度变得更尖锐，建筑物的透视深度也被进一步夸大了(图3-119)。

平行于画面，也就是我们通常所说的一点透视的情况。

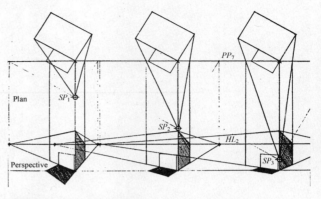

● 图 3-119　视距的影响

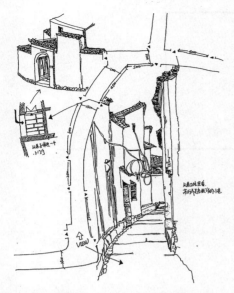

● 图 3-118　宏村街巷空间（郑默，中央美院建筑 05 级）

在对同一条街巷空间的观察中，在需要表现人的空间感受时，这位同学选择了平视的角度；在需要表现空间结构的时候，她就选择了俯视的角度

（4）画面夹角的选择

画面与建筑物的夹角决定建筑的哪个立面是被表现的主立面，以及另外一个立面在透视中会被缩小到什么程度（图 3-120）。一般来说，需要表现的主立面与画面所成的角度控制在 15°～30°之间比较合适。这个夹角越小，主立面得到的表现越充分，另外一个面就越是被压缩。当这个夹角为 0°时，主立面

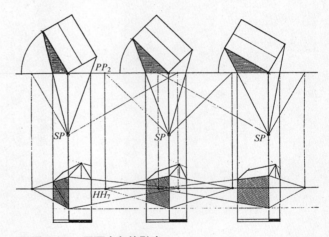

● 图 3-120　画面夹角的影响

练习题

1. 如图 3-121 所示，已知地面上的矩形在 S 点的透视，求该矩形在 S_1、S_2 点的透视。
2. 如图 3-122 所示，根据已知视点和画面，绘制建筑物的透视。
3. 如图 3-123 所示，五等分已知矩形。
4. 如图 3-124 所示，在透视的进深方向，将立方体的原始深度加倍。
5. 如图 3-125 所示，根据已知视点和画面，绘制建筑物的透视。

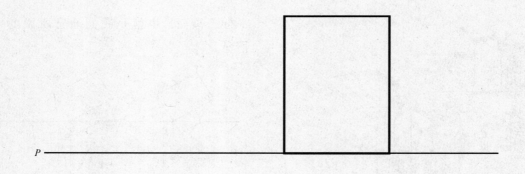

● 图 3-121

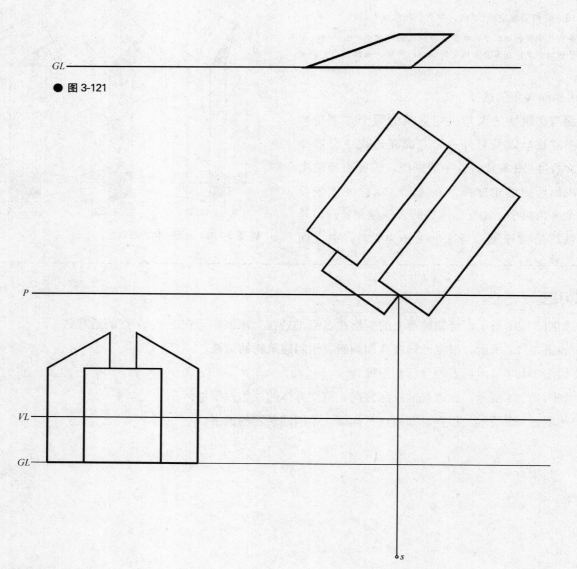

● 图 3-122

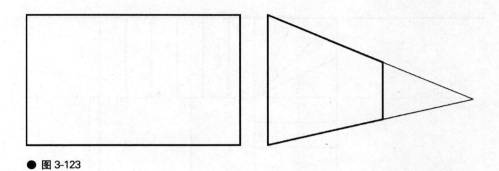

● 图 3-123

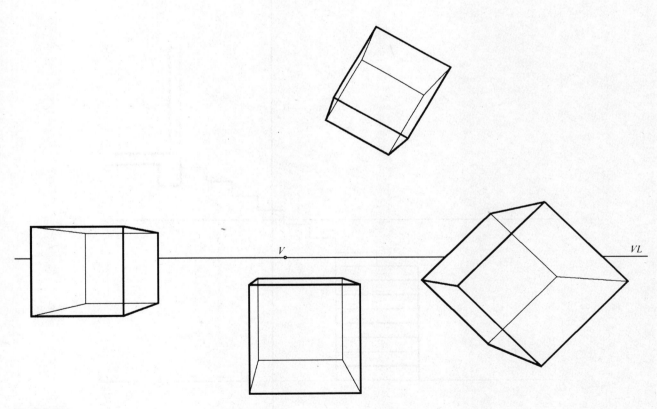

● 图 3-124

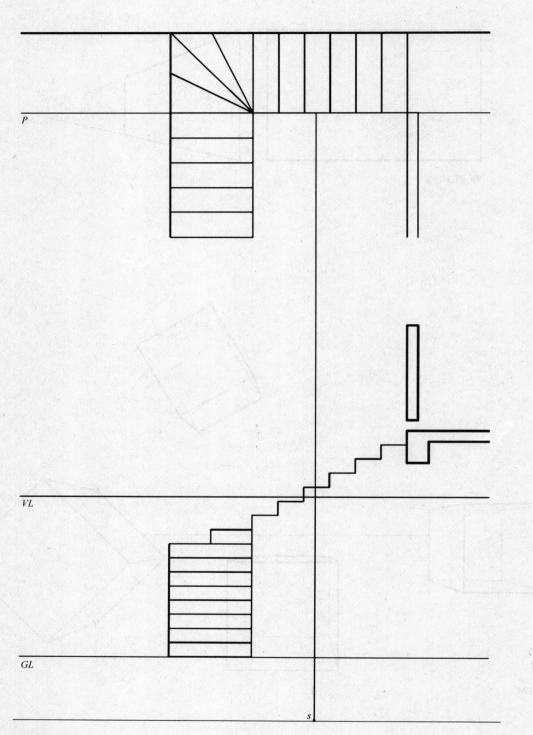

图 3-125

3.4 阴　影

通过在建筑绘图中添加阴影（Shade and Shadow），我们可以进一步改善二维图纸的平面性，加强虚拟空间的景深感，更清楚地把握物体的造型特色。例如，在立面图中，阴影的渲染能够更直观地反映建筑造型中的凸起与凹陷的复杂线脚，以及这些空间变化的相对深度（图 3-126、图 3-127）

阴影的绘制不仅能极大地促进对设计的表达，而且还可深化我们对设计的研究与评估：光线与阴影的交互作用，照亮了体块的造型与材质，连接了各个景深层次中的形体与空间，造就了图纸中丰富的色调变化，这不仅加强了我们对设计对象的现实感，还有助于激发设计者的创作灵感。此外，光的应用是建筑设计的重大主题之一，阴影的运用就是其中的重要组成部分。

3.4.1 光与影的基本知识

(1) 光线

◆ 太阳角

光源照亮物体，令其可见。在设计图中，我们通常设定太阳为光源。随着太阳在天空中位置的晨昏变化，物体落影的轮廓也随之变化（图 3-128）。

● 图 3-128　阴影的日间变化

在投影几何中，太阳光线的方向由两个角度来表示，即太阳高度角（Altitude）和方向角（Bearing）（图 3-129）。其中，高度角是太阳射线相对于地平线的仰角。在立面图中，光线的入射角也被称作高度角。方向角是太阳射线的水平方向，即平面中光线的入射方向（图 3-130）。

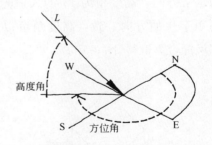

● 图 3-129　太阳高度角和方向角

◆ 常用光线

我们在建筑绘图中运用的光线一般有两种：平行光线与辐射光线。由于太阳距离我们很远，所以太阳光线总是被假设为平行光线。而灯具等人造光源与我们之间的距离相对而言近得多，因此它发射出来的光线被划分为辐射光线（图 3-131）。

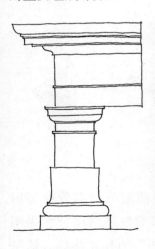

● 图 3-126　塔司干柱式墨线图

● 图 3-127　塔司干柱式渲染图

阴影有助于克服二维视图的平面性。添加阴影之后，平淡无奇的立面图神奇地拥有了空间感：深色的部分退到了画面的后面，通过两种造型的边界的细致处理，洁白的柱式则显著地浮现到了画面的前方。此外，柱式上从深到浅的明度变化还促成了明显的体积感

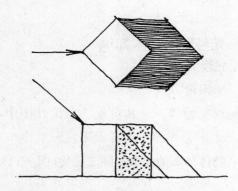

● 图 3-130　正视图中的太阳角

在平面图中，太阳的入射角度即为高度角；立面图中，太阳的入射角度为方位角

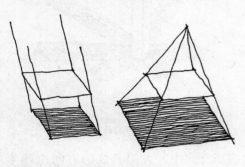

● 图 3-131　平行光线与辐射光线

在绘制阴影时，出于简化绘图程序的考量，我们一般选择平行光线，同时采用可以直接量取的角度来作它们的入射角。不同类型的设计图有不同的常用光线组合方式。例如，在轴测图中，一般采用方向角为水平方向，高度角为45°的入射光线。水平方向角与丁字尺的方向一致；高度角可以通过三角板与丁字尺配合而取得（图3-132）。

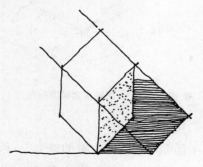

● 图 3-132　轴测图中的常用光线

在多视点二维视图中，我们一般将立方体的对角线的方向设为入射光线的方向。这样，光线在每个视图上的投影都是45°线，且阴影宽度与建筑物高度存在一定比例关系（图3-133）。

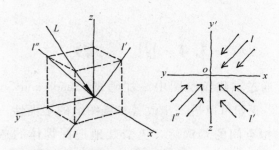

● 图 3-133　正视图中的常用光线

空间中的光线一般用大写字母 L 来表示，该光线在水平面、正面、侧面投影被分别标注为 l、l'、l''

（2）阴影的构成

◆ "阴"与"影"

物体阻挡了光线的直线前进，因此在它的背后就形成了一个光线无法照到的区域，这就是阴影的现象。

阴影一词其实有两方面的含义。其一，"阴（Shade）"是指物体上未被光源照射到的部分，也被称为阴面；其二，"影（Shadow）"是指承影面上因为物体遮挡而无法被光源照射到的地方，也被称为落影（图 3-134）。

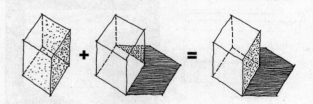

● 图 3-134　"阴"与"影"

◆ 阴线与影线

在物体上，直接被光源照射到的部分称为阳面；因为背光而无法被直接照射到的部分称为阴面。阴线（Shade Line）是"阴"的外轮廓线，就是阴面与阳面的分界线，因此是一条闭合的空间折线（图 3-135a）。

"影"的外轮廓线被称为影线（Shadow Line），它实际上也是阴线的落影，也是一条闭合曲线（图 3-135b）。如图所示，立方体的阴线与影线上的点一一对应，其中折线1、5、6位于承影面上，所以它的阴与影重合。

（3）阴影的一般规律

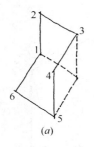 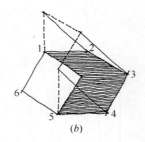

● 图 3-135 立方体中的阴线与影线

立方体的下表面背光,因此判断为阴面。同时,该平面位于承影面上,因此它的落影与投影重合

◆ 垂直线的阴影

如果直线垂直于投影面,直线落影的方向与光线在该投影面上的入射角方向一致。

例如,铅垂线在水平面上的落影的方向与光线的方位角方向一致(图 3-136)。如图所示,直线 AB 和 FG 垂直于地面,因此它们在地面上的落影 ab 和 fg 与本图中的方位角方向一致。

同理,正垂线在正立面上的落影的方向与光线的高度角方向一致。

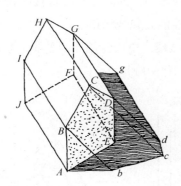

● 图 3-136 特殊位置直线落影的规律

◆ 平行线的阴影

如果直线平行于承影面,那么它在该承影面上的投影与原直线平行且等长。

例如,在图中,直线 DG 均平行于地面,因此它的落影 dg 与原直线平行且等长。

同理,铅垂线在正立面上的落影与原直线平行且等长(图 3-137Ⅲ)。

◆ 一般位置线段的阴影

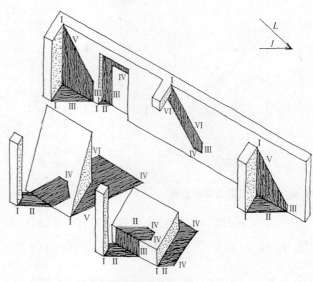

● 图 3-137 直线落影的一般规律

①承影面上的点的阴影为其自身;②铅垂线在水平承影面上的落影与方位角方向一致;③铅垂线在垂直面上的落影平行于原直线;④水平线在水平面上的落影与原直线平行;⑤一般位置直线,先求取两端点的阴影,再进行连接;⑥平行直线在互相平行的承影面上的落影互相平行

在求取非特殊位置线段的落影时,一般需要先分别求取两端点的阴影,再进行连接。此外,对于互相平行的任何线段组,它们在互相平行的承影面上的落影互相平行。一般来说,在确定一般位置线段两端点的落影时,我们应该尽量利用邻近的特殊位置直线(图 3-137)。

3.4.2 平行投影中的阴影

在平行投影的阴影中,如果采用 45°的常用光线,根据投影的一般规律,与投影面垂直的线段的落影方向与光线方向一致,且长度相等;与承影面平行的线段的落影与原线段平行且等长。需要注意的是,这里所指的落影长度是指落影的全长,如果部分落影位于垂直承影面或平行承影面之外,就无法作出等长的判断。

(1)轴测图中的阴影

◆ 思路分析

我们求取阴影的计算,实际上就是确定形体的阴线,然后求取其上一系列的点和线段的落影(即影线)的过程。据此,解题的步骤可大致分为两步(图 3-138):

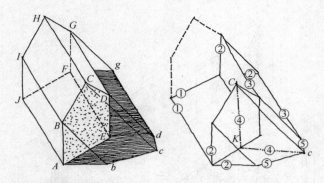

● 图 3-138 计算步骤的分析

(a) 判断阴线。例如，在图 3-138 中，根据已知光线方向，可判断出阴线为 A—B—C—D—G—F—J—A。

(b) 利用各种垂直线、水平线等分别求取各段阴线的落影，并依次连接。在图 3-138 中，①阴线 F—J—A 在承影面上，它的落影为其自身。②直线 AB 和 FG 垂直于地面，因此它们在地面上的落影 ab 和 fg 与方位角方向一致；然后根据高度角分别确定落影点 b 和 g。③直线 DG 均平行于地面，推平行线求得落影点 d。④从 C 点开始向地面作铅垂线 CK，求取该辅助线的落影，得到落影 c。⑤依次连接 bc、cd，闭合影线圈。

最后，为阴和影的可见部分填充相应纹理。

◆ 例题分析

【例题 3-10】 使用常用 45°光线，绘制立柱在坡面上的阴影（图 3-139）。

首先，判断阴线为 A—B—C—G—H—E—A 线圈，其中折线 G—H—E 的落影为其自身。

(a) 求线段 AE 的落影。首先寻找过 AE 的光面与斜面的交线。①根据平行线落影规律，过 E 推平行线得到折影点 1；②延长 E1 交 LM 与点 3，过点 3 作铅垂线交 LJ 于点 4；③连接 1—4，此为过 AE 的光面与斜面的交线；④作过 A 点的光线，它与线段 1—4 的交点就是所求的落影点 a。

(b) 求线段 CG 的落影。⑤过 G 推平行线得到折影点 2，过折影点 2，作 1—4 的平行线 2—5，该线段为过 CG 的光面与斜面的交线；⑥作过 C 点的光线，它与线段 2—5 的交点就是所求的落影点 c。

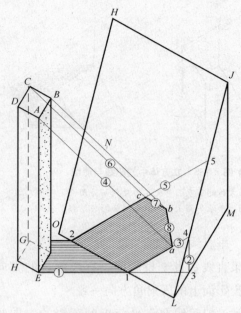

● 图 3-139 立柱在坡面上的阴影

(c) 求线段 CB 的落影。由于线段 CB 平行于斜面，且落影全长都位于斜面上，可知其落影与原线段平行且等长。⑦过点 c，作线段 cb 与 CB 平行且等长，就得到了 B 点落影 b。

(d) 求线段 AB 的落影。⑧连接线段两端点落影 ab，闭合影线圈，完成求解。

【例题 3-11】 使用常用 45°光线，绘制立柱在砂坑中的阴影（图 3-140）。

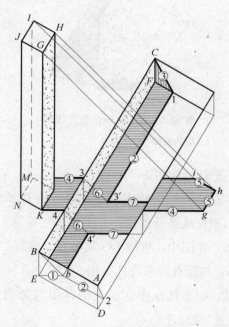

● 图 3-140 立柱在砂坑中的阴影

(a) 求砂坑自身的落影。首先，判断阴线为 A—B—C—F—E—D—A 线圈，其中折线 F—E—D 的落影为其自身。①根据垂直线落影规律求得 B 的落影 b；②根据平行线落影规律，过 b 点推平行线求得线段 AB、BC 在砂坑底部的部分落影 b1、b2；③连接 a2、c1，闭合影线圈。

(b) 求立柱在地平面上的落影。首先，判断阴线为 G—H—I—M—N—K—G 线圈，其中折线 M—N—K 的落影为其自身。④根据垂直线落影规律分别求得点 G、I 的落影；⑤根据平行线落影规律，推平行线分别求得线段 GH、HI 的落影。

(c) 求立柱在砂坑底面上的落影。⑥根据地面上的折影点 3、4，以入射光线确定它们在砂坑底部的落影 $3'$、$4'$；⑦根据平行线落影规律，过 $3'$、$4'$ 点推平行线，即为直线 GK、IM 在砂坑底部的部分落影。

最后，为阴和影的可见部分填充相应纹理，即完成此题的解答。

在图 3-140 中，我们注意到线段 BC 在其垂直面上的落影（即 C1）与光线入射方向并不一致，所以有必要强调一下垂直线落影规律的适用范围。即，该规律是在线段垂直于投影面的前提下得出的。这里所指的投影面是水平投影面（H）、正立投影面（F），或侧面投影面（S），而不完全等同于一般承影面。根据垂直落影规律的适用范围，BE、GK、IM 等均为铅垂线，是符合垂直规律前提的，因此在水平面上的投影与方位角方向一致。而线段 BC 并非正垂线，因此它在正立面上的落影与高度角的方向并不一致。

◆ 轴测阴影的应用

阴影的绘制有助于分辨物体的形状。在建筑群的俯视或鸟瞰图中，阴影的绘制通常都有助于强调外部街道或庭院的空间感（图 3-141）。此外，轴测图中恰到好处的阴影有时还会造成意想不到视觉效果。例如，一位美国的建筑画家提供了一种简化的汽车画法：在轴测图中，通过对阴影的寥寥几笔的描绘，马上令刻板的立方体块具有了小汽车的造型趣味（图 3-142）。

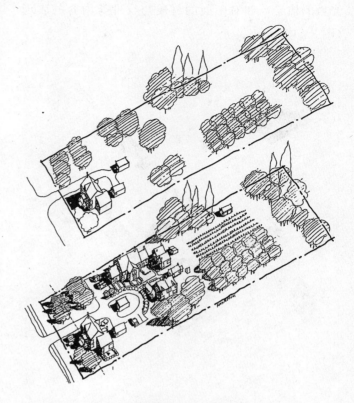

● 图 3-141 瓦沙农场规划（罗恩·卡斯普利辛）

建筑师提供了农场改造前后的基地鸟瞰图以供对比。一方面，在原有的农场基地中，建筑与树木都是零散布置的，彼此间没有形成紧密的空间感。因此，设计者只是给建筑物绘制了阴影，结果是突出了建筑物。另一方面，在改造后的农场基地中，新建筑将老房子、附近的树木整合到了一起，共同形成了一个明确的前院空间。这样，作者不但为建筑物绘制了阴影，还为邻近的、有助于空间感形成的树木也绘制了阴影，共同强调了外部空间的设计

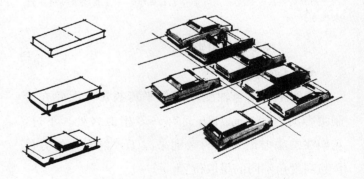

● 图 3-142 汽车的简易画法（麦加里，《美国建筑画选》）

①立方体，比停车位小 1/3，长、宽比为 2∶1，高度较浅。②前、底侧有表示阴影的粗线；两条短粗线表示轮胎。③车顶偏离中心向后，窗顶偏小；窗户玻璃局部涂黑

在较为正式的轴测表现图中，阴影的出现不仅意味着对阴面和落影的描绘，往往还伴随着对阳面

光效的描绘，如对阳面的材质与纹理等内容的表现（图3-143）。

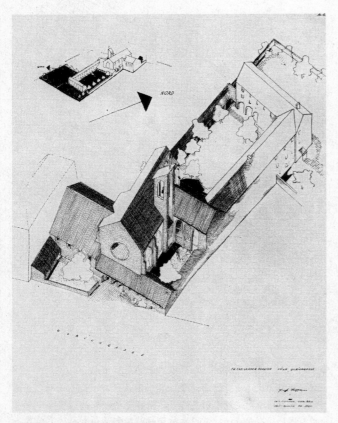

● 图3-143 弗朗西斯卡教堂及修道院大门修复设计（卡尔·格鲁伯，科隆，1951）

墨水绘于描图纸上，65.2cm×47.2cm；30°/60°平面斜轴测图。这幅俯视图表现了建筑的造型、庭院布局和表面肌理。墙面与屋顶表面材质的细致刻画令教堂表现得十分古朴优雅，充分展现了轴测图的表现专长

(2) 三视图中的阴影

◆ 思路分析

由于正视图与轴测图都是平行投影，因此在绘制阴影的方法与原理方面有许多相似之处。不过，它们在画法上最显著的区别来源于入射光线的方位角与高度角不同的量取位置。

在轴测图中，我们可以在同一张图中找到入射光线的方位角与高度角，并直接求得任意点的落影。但是在二维投影图中，光线的方位角表现为平面图中光线的入射角度；高度角表现为立面图中同一光线的入射角度。由于高度角与方位角分属于不同的视图，我们至少需要两张图纸的配合，才能确定落影的位置。例如，为了从平面图上求得三棱锥中的落影，我们需要进行如下操作（图3-144a）：

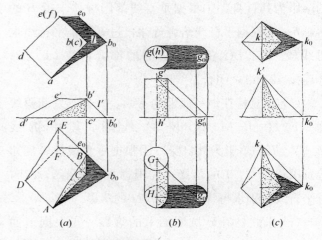

● 图3-144 基本形体的落影

（a）在立面图上，过B点正面投影b'绘制高度角方向的光线，与地面交点即为B的落影点的正面投影落影点b'_0。

（b）在平面图上，过B点水平投影b绘制方位角方向的光线，再从b'_0向上引垂直线，与平面上入射光线相交，这个交点即为B的落影点的正面投影落影点b_0。

使用这种方法来求阴影，我们每次需要使用两张视图，并将它们对位放置，以方便数据在两图之间的相互转化。对于较为复杂的建筑形体而言，这种作图方法就相对繁琐了。

那么，是否有简易画法呢？我们观察到，在三棱柱的平面图中，水平投影b和其落影b_0之间的距离刚好等于B点距离地面的高度，即立面图中$b'c'$的长度。然后，我们在圆柱体和四棱锥的平面图阴影中也找到了相似的平面图成影规律：圆柱体圆心的水平投影g和其落影g_0之间的距离，刚好等于圆柱体的高度（图3-144b）；四棱锥顶点水平投影k和其落影k_0之间的距离，刚好等于四棱锥的高度（图3-144c）。这样一来，无需两张视图的精确对位，我们就可以根据建筑的高度，直接在平面图中绘制阴影了。

在一般情况下，落影点与水平投影点之间的距

离和它与地面之间的距离都按 1∶1 的比例量取。不过，根据表现的需要，我们也可以调整这个比例。例如，当建筑较高时，平面图中过长的阴影可能会影响我们对建筑周围环境的表现。这时，我们就可以在阴影的长度方面使用一定的缩比。在方位角一定的情况下，这个比例是由入射光线的高度角所决定的（图 3-145）。当然，最简单的组合方式依然是采用 45°的高度角，不使用缩比，然后根据建筑的高度直接在平面图上添加阴影。

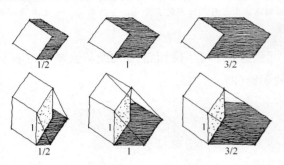

● 图 3-145 阴影的缩比

在使用常用光线时，平面图中铅垂线阴影的长度等于它本身的高度；当高度角大于 45°时，平面图中铅垂线阴影的长度小于它本身的高度；当高度角小于 45°时，平面图中铅垂线阴影的长度大于它本身的高度

◆ 例题分析

在本部分的例题中，我们还是采取平、立面配合的制图方式。在熟悉了相关画法与规律后，我们就可以直接在一张平面图（或立面图）上绘制阴影了。

【例题 3-12】 使用高度角、方位角均为 45°的常用光线，在立面图与平面图中分别绘制建筑体块阴影（图 3-146）。

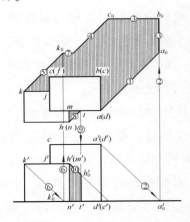

● 图 3-146 建筑体块的阴影

建筑体块由两个长方体构成，我们可以分别求各自的落影，然后进行组合。

(a) 求后侧长方体的投影。判断立方体阴线为 A—B—C—F—E—D—A。①在平面图上过 a 点沿方位角方向绘制入射光线；②在立面图上过 a' 点沿高度角方向绘制入射光线与地面相交，即为 a 点落影 a_0 的正面投影 a'_0，从 a'_0 向上引垂直线，与平面上入射光线的相交，得 A 的落影点 a_0；③根据平行规律，过 a_0 分别绘制 ab、bc 的落影与原直线平行且等长；④沿方位角方向绘制 cf 的落影，封闭影线圈。

(b) 绘制前侧立方体的阴影。⑤过平面图上的 k 点作入射光线；⑥过立面图上的 k' 点作入射光线与地面相交，得 k'_0，从 k'_0 向上引垂线，与平面图上光线相交得 k_0；⑦根据平行规律作 kj 的落影；⑧在平面图上过 h 点绘制入射光线，与后侧长方体相交于点 t。点 t 为折影点，之后，铅垂线的落影就转折到了立面上。

(c) 确定 H 点的阴影，封闭影线圈。我们发现 H 点的落影不在地面上，那么它只能在后侧立方体的正立面上。⑨从点 t 的正面投影向立面图引垂线，与地平面的交点即为该点的正面投影 t'；⑩过 h' 作入射光线，得到 H 点在正立面上的落影 h'_0，连接 $t'h'_0$ 和 h'_0m'，完成前侧的屋角在正立面上的投影。

建筑体块正立面上的阴影再次验证了投影的平行规律和垂直规律。直线 HM 垂直于正立面，因此它在正立面上的投影与光线方向一致；直线 HN 平行于正立面，因此它在正立面上的落影与它的正面投影互相平行。

在相似的建筑体块中，我们可以用同样的方法来绘制阴影（图 3-147）。

在图 3-147（a）中，我们分别求取两个立方体的阴影，并在后侧长方体的正立面上找到了 A 点的落影 a'_0。但是 B 点的落影既不在地面上，又不在后侧长方体的正立面上，即，直线 AB 的落影只有一部分落在了正立面上。①过 a' 点的光线与后侧长方体顶

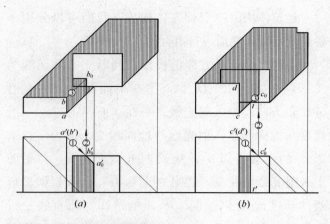

● 图 3-147 建筑体块的阴影

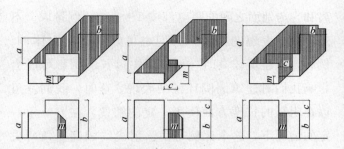

● 图 3-148 平行落影的规律

在平面图中，建筑屋顶在地面上的落影与其投影之间的距离 a、b，与建筑的高度 a、b 相对应；前侧屋顶在后侧建筑顶面上的落影与其投影之间的距离 c，相当于两建筑的高差 c；在立面图中，前侧建筑在后侧建筑正立面上落影的宽度 m，与两建筑立面之间的距离 m 相等

面的交点即为 B 点落影的正面投影 b_0'；②由 b_0' 向正面图引垂线；③在平面图上过 b 点的光线与垂线的交点即为所求 b_0。

在图 3-147(b) 中，过折影点 t 的垂线与过 c' 的光线没有交点，说明 C 点的落影不在后侧体块的正立面上。①过 c' 点的光线与后侧长方体顶面的交点即为 C 点落影的正面投影 c_0'；②由 c_0' 向正面图引垂线；③在平面图上过 c 点的光线与垂线的交点即为所求 c_0。

在上述建筑中，我们看到了平行规律的一再出现：如果直线平行于承影面，那么它在该承影面上的投影与原直线平行且等长。其中，等长的判断需要在线段的落影全部都位于平行承影面时才能作出。此外，我们也看到了在特定光线条件下，二维视图中平行规律的另一个独特的表现特点：线段与落影之间的距离等于线段与承影面之间的距离（图 3-148）。

至此，我们可以将二维视图中的平行落影规律重新补充、总结为：**在二维视图中，如果直线平行于承影面，那么它在该承影面上的投影与原直线平行且等长；同时，线段与落影之间的距离和线段与承影面之间的距离成正比**。其中，在特定光线条件下，即入射光线为（高度角与方位角均为 45°的）常用光线的时候，这个比例为 1：1——这也是为什么这种角度的入射光线在建筑绘图中最为常用的原因。

【例题 3-13】 使用常用光线，绘制立柱在斜坡上的阴影（图 3-149）。

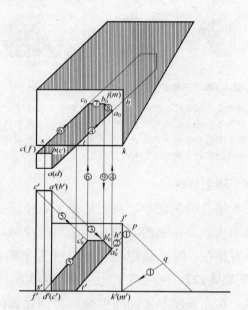

● 图 3-149 立柱在斜坡上的阴影

首先，我们分别绘制立柱与斜面的阴影，确定立柱在斜面上落影的折影点 S 点和 T 点。我们发现，立柱顶面 A 点、B 点、C 点的落影都不在地面上，由此判断它们都位于斜面上。

（a）求线段 AD 在斜面上的落影。首先寻找过 AD 的光面与斜面的交线。①过平面图上 a 点的光线与斜边 jk 相交于 h 点，ht 即为光面与斜面交线的水平投影，根据投影的等比定理（点分直线为一定比例，则其投影也分该直线为一定比例），求得 H 点的正面投影 h'（具体操作为：取 $j'p = jh$，$pq =$

84

hk，过 p 作 kq 的平行线，与 $j'k'$ 的交点即为所求 h'；②$h't'$ 即为所求的光面与斜面交线的正面投影；③在正面图上作过 a' 点的光线，与 $h't'$ 的交点即为 A 点落影的正面投影 a'_0；④过 a'_0 向平面图作垂线，与过 a 点的光线的交点即为 A 点落影的平面投影 a_0。

(b) 求线段 CF 在斜面上的落影。①在正面图上过 s' 作直线与 $t'h'$ 平行，这就是过 CF 的光面与斜面的交线，交线与过 c' 的光线的交点就是 C 点落影的正面投影 c'_0；②过 c'_0 向平面图作垂线，与过 c 点的光线的交点即为 c_0。

(c) 求 B 点在斜面上的落影。①直线 CB 平行与斜面，因此 $c_0 b_0$ 与 cb 平行且等长，由此确定 b_0 位置；②连接 $b_0 a_0$，闭合平面图上的影线圈；③从点 b_0 向立面图引垂线，确定 b'_0，闭合立面图上的影线圈。

在上述落影现象中，我们观察到，即使承影面是一个斜面，铅垂线在它上面落影的正面投影依然与光线方向一致。这再次验证了落影垂直规律：**如果直线垂直于投影面，直线落影的方向与光线在该投影面上的入射角方向一致。**在立柱在其他形式体块上的落影中，我们可以看到同样的现象，例如在图 3-150(a) 中，正垂线 UV 在正面图上的投影与光线方向保持一致(图 3-150)。

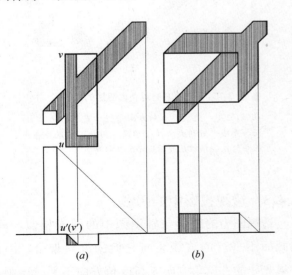

● 图 3-150　立柱的阴影

【例题 3-14】 已知建筑柱脚的三面投影，求铅垂线 AB 在其上的落影(图 3-151)。

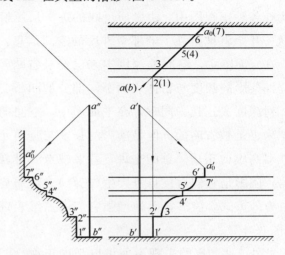

● 图 3-151　建筑细部的阴影

如图所示，建筑柱脚表面为侧垂面。过直线 AB 作垂直于水平面的光面，为我们所求的落影就在光面与建筑柱脚表面的交线上。

(a) 确定直线落影的侧面投影。①在侧面图上过 a'' 作光线，确定 a''_0；②从侧面投影上看，直线的落影一共有 7 个折影点，依次为它们编号。

(b) 确定直线落影的水平投影。③通过侧面投影知道 A 点的落影点在垂直墙面上，在平面图上过 a 作光线，确定 a_0；④根据直线的垂直投影规律，沿方位角方向绘制直线 AB 落影的水平投影 $a_0 b_0$；⑤在平面图上依次标注 7 个折影点的位置。

(c) 确定直线落影的正面投影。⑥已知折影点 1 在地面上，从 1 点的水平投影向正面图引垂线，确定 $1'$；⑦根据已知的平面与侧面投影，依次确定其他折影点的正面投影。

我们发现，直线 AB 落影的正面投影与侧面投影互相对称。这也是二维视图中的垂直落影规律之一：**如果直线垂直于某投影面，那么该直线在另外两个投影面上的投影就总是成对称形状。**这是因为直线 AB 垂直于水平面，因此它的落影在其他两个投影面(即正面与侧面)上的投影互相对称。利用这条定理，我们可以很快地画出垂直线在复杂表面上的阴影。

◆ 二维视图中阴影的意义

多视点二维视图中阴影的意义显得尤为重要，因为在各种正视图中，阴影所反映的进深尺度恰好是从一开始就被牺牲了的那个维度的空间信息。例如，在立面图中，空间的深度本来已经被省略，但是立面落影的长度与物体表面不同部分的凹凸变化的相对深度成正比。同理，在平面图中，空间的高度本来也是被省略的，但是落影的长度与竖向元素的相对高度成正比。总的来说，就多视点二维视图而言，阴影是它们对抗自身天生（三维）表现弱势的一种有效方式，能够显著地增强它们的三维表现能力（图 3-152）。

此外，阴与影的表现不但可以帮助正视绘图克服设计图的平面性，也是推进设计的深入研究的重要工具。明暗交织的光影变化，还可传达出空间的生动质感（图 3-153）。

● 图 3-153　商务会馆立面（高松伸，东京，1987）

水墨渲染。浓重得近乎夸张的阴影戏剧性地表现了立面上的造型变化

建筑物任意一组主向轮廓线时，它在轴测图中形成的阴影还是能够发挥加强三维表现的作用；但是，同样的光线出现在正视图中，它所形成的阴影对于三维表现的意义就几乎消失殆尽了（图 3-154）。

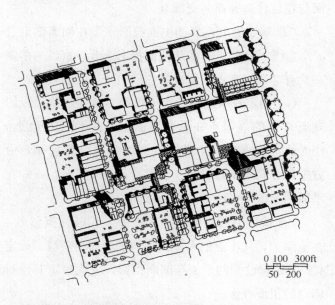

● 图 3-152　社区规划（罗恩·卡斯普利辛）

在绘制了阴影以后，街区总平面图中不同形状的小方块拥有了自己的高度表达，从而被赋予了各种造型意义：有阴影的是建筑，阴影越长，表示建筑物越高；没有阴影的是道路、车位、球场等空间划分的边界

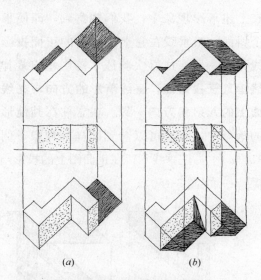

● 图 3-154　光线方向对平面阴影的影响

在 (a) 图中，光线的入射方向平行于建筑的正立面，而与光线平行的面都属于阴面。因此，建筑物在平面中的阴影很难反映出造型的三维特点

正是由于阴影对于二维视图的独特意义，我们在选择光线方向时更需慎重。正视图阴影与轴测图阴影的一个显著差别在于：正视图表现对光线的入射角度的要求更苛刻。例如，当光线的方向平行于

3.4.3　透视投影中的阴影

透视图中的阴影与轴测图中的阴影相似，只是与画面不平行的直线会向它们的灭点聚合。因此，如果光线的方位角方向或高度角方向不平行于画面，它们就会拥有各自的灭点。

【例题 3-15】 根据已知平行光线，绘制建筑构件的阴影（图 3-155）。

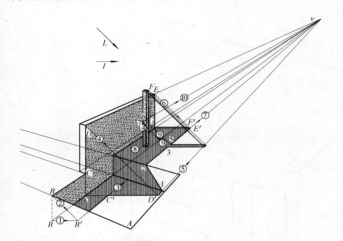

● 图 3-155 透视中的阴影

已知光线的高度角与方位角均平行于画面，因此在透视图中它们的方向保持不变。而建筑体块可以视为由两个部分构成，我们可以分别求出它们各自的落影，然后进行组合。

（a）求墙面落影的透视。判断立方体阴线为 A—B—C—D—E—F—G，其中，A、G 点位于承影面上，它们的落影与其投影重合。①过 b 点绘制方位角方向入射光线；②过 B 绘制高度角方向入射光线，得到 B 点落影的透视 B′；③根据平行规律，连接 B′V，即为线段 BC 落影的全直线透视；④确定 D 点落影的透视 D′，发现它在坑底，此外，过 c 点入射光线与 BC 落影的全直线透视的交点就是折影点 C′；⑤连接 D′V，即为线段 DE 在坑底落影的全直线透视，该直线与坑底边界线的交点 1 为折影点；⑥用高度角与方位角方向入射光线确定 EF 线段落影的透视 E′F′，并连接 GF′；⑦连接 E′V，并延长它与坑沿边界线相交于 2 点，连接折影点 1—3，完成墙面落影的透视。

（b）求方柱落影的透视。⑧绘制方柱在地面上的落影；⑨墙面在方柱上也有落影，为此，从折影点 3、5 反方向绘制高度角方向入射光线，与方柱阴线分别相交与 4、6 点，其中，6 点在看不见（即虚线表示）的棱线上；⑩延长 V6 与方柱左侧棱线相交于 7，6—7—4 即为墙面在方柱上落影的透视。

最后，为阴和影的可见部分填充相应纹理，即完成此题的解答。

练习题

1. 如图 3-156 所示，根据已知光线方向，在轴侧图中绘制小房子的阴影。
2. 如图 3-157 所示，使用常用光线，在小别墅的平面图中添加阴影（小别墅的立面图见图 3-37）。
3. 图 3-158 为密斯的钢节点设计，自选光线，绘制立面阴影的表现图。
4. 如图 3-159 所示，自选光线，完成小房子的透视阴影。

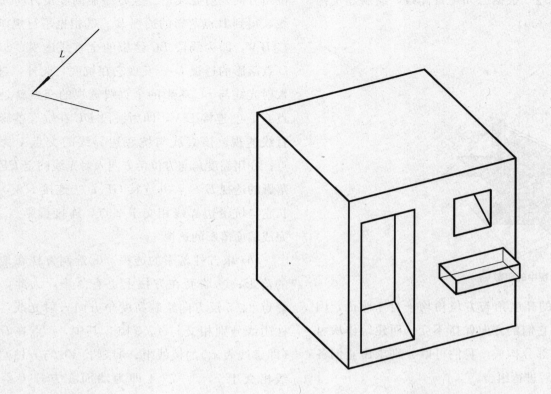

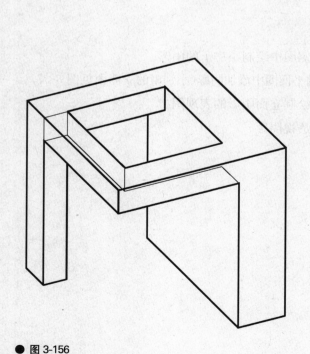

● 图 3-156

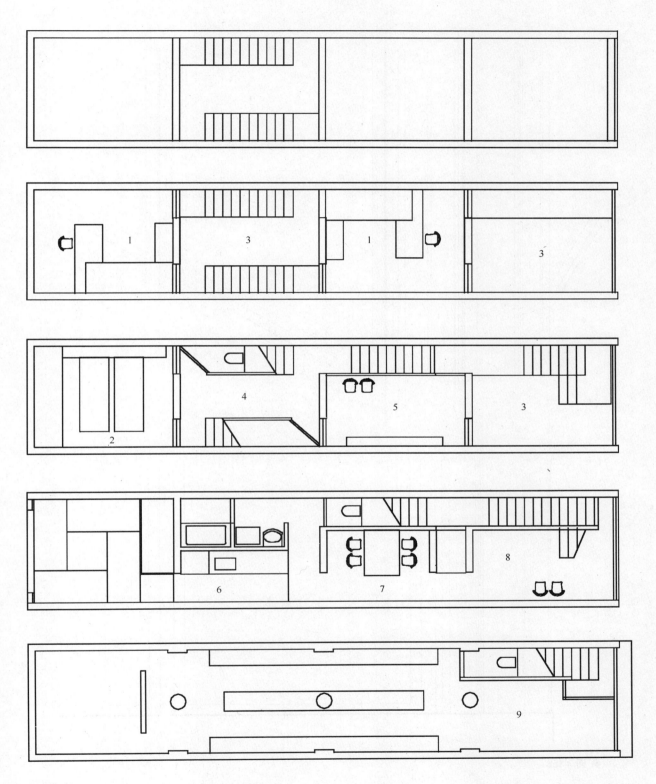

● 图 3-157

1—卧室；2—主卧；3—吹拔；4—中庭；5—书房；6—厨房；7—餐厅；8—起居厅；9—商店

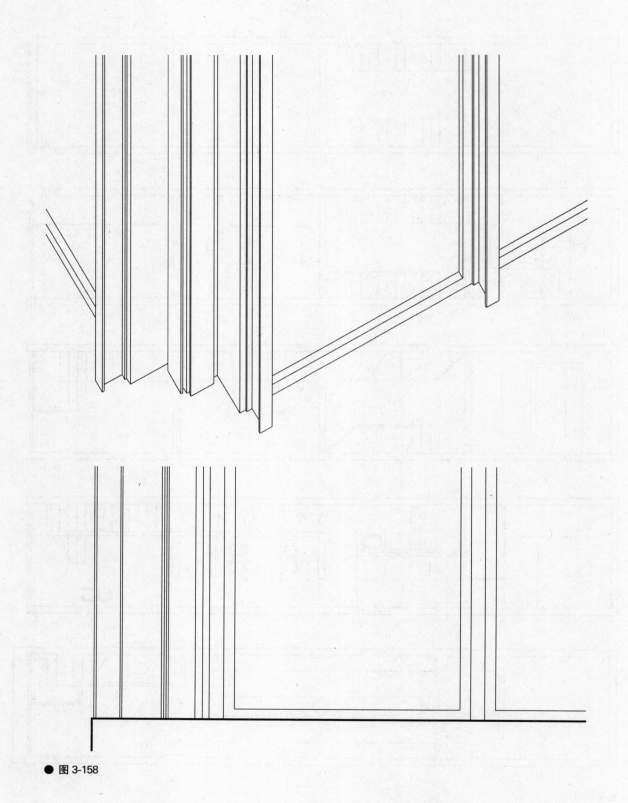

● 图 3-158

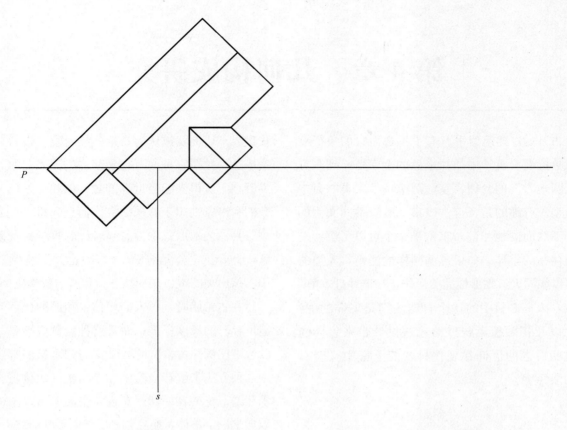

● 图 3-159

参考文献

[1] 法兰西斯·金. 设计图学 [M]. 林贞吟译. 台北：艺术家出版社. 2006.

[2] 余人道. 建筑绘图——绘画类型与方法图解 [M]. 陆卫东等译. 北京：中国建筑工业出版社. 1999.

[3] M·萨利赫·乌丁. 建筑三维构图技法 [M]. 陆卫东译. 北京：中国建筑工业出版社. 1998.

第4章 几何构成研究

从远古开始，建筑似乎就有了不言而喻的象征意义。从撒哈拉漫漫黄沙中通往来世的金字塔，到东方隐喻"天圆地方"的台榭宫室，都隐喻了人类心目中的宇宙模型。有趣的是，自古以来，属于不同文明的先民们都不约而同地相信，宇宙是一个可以了解、按一定法则存在的整体。如果遵循同样的法则，人类的营造也可以如同天然物那样完美运作，和谐并且永恒。

那么，人们心目中的这个自然法则是怎样的呢？这种理念以及相关探索曾经给建筑设计带来怎样的影响？这些古老的信仰在现代科技的土壤中又会有着怎样的演绎呢？

4.1 以数字建成的房子

在西方众多的设计理论中，最古老、最激动人心的一种理论宣称：自然是一个按简单数学法则存在的整体。在这个整体中，我们建造和经营的无论是居所还是花园，它们都是大自然的延续，它们的设计都应该遵循同样的原则。于是，从很久以前开始，人们就展开了对自然比例法则的漫长求索。这一关于比例的研究贯穿着西方古典建筑理论发展的各个阶段，并对建筑设计与营造过程造成了深刻而又持久的影响。

那么，世界上真的存在某个潜在的"造物"法则吗？符合这些法则，依据数字比例建成的房子又是什么样子的呢？

4.1.1 古代世界的神庙

1. 希腊人的简单比例

在柏拉图看来，宇宙的统一性有赖于某种结合物——是它将世界上的各种事物联系到了一起。在古代世界，比例就被认为是这一结合物。古希腊的数学家毕达哥拉斯宣称，万物最基本的元素是数，认识世界就在于认识支配着世界的数。他和他的门徒不但把数的和谐原则用于音乐研究，而且还推广到建筑、雕刻等其他艺术形式中去。同时代的哲学家德谟克利特（Democritus，公元前460—370）也热烈称颂数字的作用，指出美的本质在于整齐、和谐的数学比例。

在古希腊时期，人们相信：和谐的比例是上帝创造世界时的尺度标准；而且这种比例应该是一种简单的数字比例。古希腊的数学家与艺术家们都曾经尝试用这种方法来解释自然的和谐与美。比例将自然和艺术和谐地统一在一起。在古希腊人看来，不但艺术和数学是一个整体，而且艺术引领着数学研究。

◆ 帕提农神庙

希腊人建造了许多优美的神庙，它们当中的某些直至今天仍被认为是最完美的建筑。其中，人们对帕提农神庙（Parthenon，公元前5世纪）的比例构成问题的关注，超出了其他任何一栋建筑。由于至今尚未发现任何希腊建筑学的平面图或立面图，以及绘图工具的实物或相关历史记录。那么，帕提农神庙设计的依据究竟是什么呢（图4-1）？

在研究了这座被传颂了几千年的神庙后，人们就它的布局方式作出了多种解读。例如，勒迪克❶主张：帕提农神庙各部件的尺寸是被简单的数字比率联系在一起的。勒迪克采用了他最为喜爱的"埃及"

---

❶ 勒迪克（Eugene-Emmanuel Viollet-le-Duc）是建筑历史上承前启后的伟大理论家，《法国建筑词典》的编著者。在19～20世纪之交，在古典建筑的城堡轰然倒塌，现代主义建筑尚未成型的思想动荡的年代中，他的《法国建筑词典》几乎是所有建筑学学生人手一册的圣经。勒迪克可谓是现代结构理性主义思潮的开先河者，因此有评论说，西班牙的高迪（Antonio Gaudi），比利时的霍塔（Victor Horta），荷兰的博拉格（Hendrikus Petrus Berlage），甚至整个俄罗斯构成派都是源于勒迪克的建筑思想的。

● 图4-1 帕提农神庙（雅典卫城，公元前447—431）

雅典卫城的建筑物坐落在城市一小山岗上。其中，图片右上的建筑即为帕提农神庙；左侧的小建筑为伊瑞克提翁神庙，著名的女神柱廊就在其中；右下的建筑为卫城山门的遗址

三角形（这是他从金字塔的建筑抽象出来的基本形式）来解释其中的比例构成原理，即，埃及三角形由两个底边为4，高度为5的直角三角形背向拼接而成（图4-2）。勒迪克指出，如果三角形的顶点与神庙山花的顶点一致，那么三角形的两条斜边与平台表面的交点就是横梁垂线与它的交点。此外，神庙正立面柱廊的第3棵、第6棵立柱的中轴线由这个三角形斜边与横梁下沿的交点所决定。然后，上述两棵柱子的中心线将建筑立面的宽度划分为相等的三段。最后，剩下的柱子，即第2、4、5、7棵柱子的中轴线将这三段分别两等分、三等分（图4-3）。

此外，经过细致的实地测量，捷尔吉·多齐发现，黄金分割（0.618）在帕提农神庙中的影响俯拾即是。他发现，如果用柱廊中柱基的直径为度量单位，帕提农神庙柱子的高度约为5½；门楣和山花等的高度为4。此外，建筑的立面刚好可以被放进一个黄金分割的矩形立面；建筑各构件，如柱子、台阶、山花等之间的比例也十分接近于黄金分割。例如，柱子顶端的位置就十分接近于整个立面高度的黄金分割点；两个转角柱的中心线与门楣顶端是一个√5矩形（这种矩形由一个竖向的黄金分割矩形与一个横向的黄金分割矩形组成）（图4-4）。

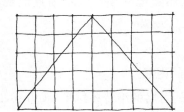

● 图4-2 勒迪克的埃及三角形

所谓埃及三角形就是底边为8个单位，高度为5个单位的等腰三角形。在埃及金字塔的造型中，大多采用了这个比例的高宽比

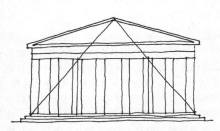

● 图4-3 勒迪克的帕提农神庙立面分析

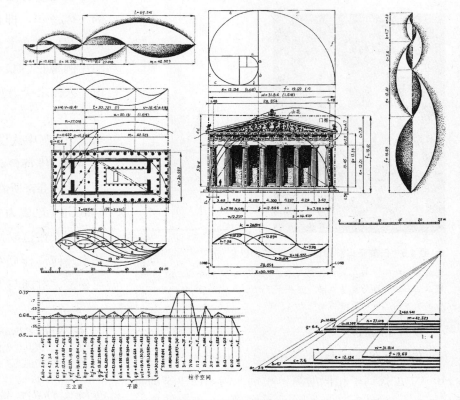

● 图4-4 帕提农神庙比例分析（捷尔吉·多齐，《比例的力量》，1981）

构件之间的比值集中在0.618附近，最大的浮动不超过0.8～0.5。总的来说，平面与立面因为共同的黄金比例而被联系到了一起。带阴影的波纹形图表强调了这些比例的统一韵律

2. 哥特式建筑的比例

到了中世纪，人们倾向于以神秘主义的视角来观察世界。在该时期，数学依然被看成是联系上帝和尘世的纽带，也是解开两者秘密的神奇工具。建筑师们相信服从几何学的建造活动，就是在模仿造物主的工作，就是在对混乱的物质进行和谐的安排。

这种"模仿"工作在大教堂的营造中表现得特别明显。

◆ 巴黎圣母院

在乔伊斯（Auguste Choisy，1841—1909）眼中，这种上帝的秘密是一种不需要计算就能直接观察到的"简单比例（les rapports simples）"。他以巴黎圣母院（Cathédrale Notre Dame de Paris，1163—1250）为例指出，该建筑物立面的轮廓呈现为一个正方形，上面钟塔的高度为正方形边长的一半（图4-5）。

● 图4-5 巴黎圣母院的比例分析（法国巴黎）

巴黎圣母院的立面在垂直方向与水平方向分别被划分为三段。如果以立面的宽度为度量单位，则垂直方向上每一段的高度均为1/2；而水平方向上每一段的高度均为1/3。

◆ 亚眠教堂

乔伊斯在亚眠教堂（Amiens Cathedral，1152—1406）中也找到了相似的简单比例。例如，建筑师将教堂室内的侧墙立面大致划分为两个等高的区域；其中，上一层的高度还包含了一层束带，从中间划分了整个高度（图4-6）。

● 图4-6 亚眠教堂的比例分析（法国亚眠，1152—1406）

在亚眠教堂的室内的侧墙上，如果以立柱的中轴线的距离为度量单位，每一开间在垂直方向各段的比例大致为3∶1∶2

4.1.2 人文主义的建筑学

文艺复兴时期的艺术家与建筑师继承了前人在比例理论与实践方面的遗产，并将它推上了另一个高峰。在该时期，艺术家与数学家们表现出一种新的人体意识，即认为人体、建筑、城市，以及宇宙都在某种意义上具有相同的结构；简单地说，共同的比例将它（他）们联系到了一起。也许基于这一理由，人体之美开始被热烈地称颂，以及细致地观察与分析。

（1）集中式设计

◆ 维特鲁威人的内涵

达·芬奇所绘制的著名的维特鲁维❶人（Vitruvian Man）几乎已成为文艺复兴时期人文主义美学理想的代名词。在这幅画作中，达·芬奇将人体的构造与基本几何形体联系起来，力图诠释上帝造人的规则与秘密。对圆与方等简单几何图形的频繁应用是人

---

❶ 维特鲁威（Marcus Vitruvius Pollio，公元前80—前25），古罗马建筑理论家，因其代表作《建筑十书》而被公认为西方建筑理论的奠基人。维特鲁威可能并不是古代西方第一位建筑师，但却是第一位将建筑原理写下来的人。《建筑十书》是目前西方古代惟一的建筑著作，内容包括城市规划、建筑概论、建筑材料、神庙构造、希腊柱式的应用、公共建筑（浴室、剧场）、私家建筑、地坪与饰面、水力学、计时、测量、天文、土木、军事机械等内容。《建筑十书》在1414年被文艺复兴时期的人重新发现，并被翻译成多种语言，一再重印，很快成为文艺复兴时期、巴洛克时期和新古典主义时期建筑界的经典。

体美学体现于文艺复兴时期建筑的第一种方式（图4-7）。这个概念被体现于这一时期的集中式教堂的设计中，如阿尔伯蒂所设计的圣塞巴斯蒂亚诺礼拜堂（图4-8～图4-12）

此外，达·芬奇在画作中也将人体与数字比例联系起来。这是人体美学体现于文艺复兴时期建筑的第二种方式。在丢勒的另一幅关于儿童与女人的比例的绘画中，人们对数字比例的这一偏好表达得更为明显（图4-8）显然，在身体各部分的构成比例上，儿童与女人的身体与这个时期常用的理想（男性）人体在比例上有着显著的差异。

这种对于人体、几何、数学比例等内容的兴趣也广泛见诸建筑的设计与营造之中。例如，人是通过四肢之间的比例而结合在一起；为了表现与人体同构的概念，建筑的各个部分也应该像人体一样能够相互协调。此外，在建筑设计（尤其是神庙）中，任何被单独抽出来的部分还应该能够为其他部分提供量度，就像造物主在人体中所安排的那样。

对于人体与建筑的关系，部分对整体的度量关系等问题，意大利画家、雕塑家和建筑师马丁尼（Francesco di Giorgio Martini，1439—1501）有过比较直观的表述。他将理想人体与教堂的平面与立面联系起来，并通过它们建立起一种简单的数字比例关系（图4-9、图4-10）。

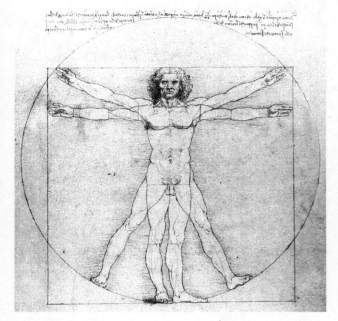

● 图4-7　维特鲁威人（达芬奇，1487）

15世纪初，维特鲁威的著作逐渐被奉为经典。维特鲁威曾大力鼓吹过数的和谐以及完美的人体比例，他在他的《建筑十书》中写道："比例通过一个确定的模数而构成……实际上，自然就是这样对人体进行塑造的……自然的中点在脐部……用圆规以人的脐部为圆心作一个圆，他的手指与脚趾就刚好落在圆周上。同样，也有可能让人体刚好填充一个正方形。因为从脚底到头顶的高度，刚好与两臂伸直时的宽度相同。"

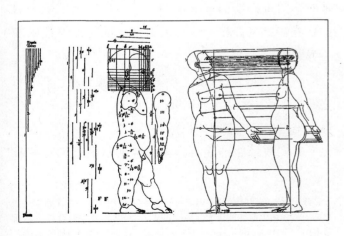

● 图4-8　儿童与女人的体形（丢勒，1532）

在文艺复兴时期，艺术家与数学家在讨论理想人体比例时所选择的范例几乎都是男人的身体。在这里，丢勒用科学客观的态度，讨论了儿童与女人的身体比例

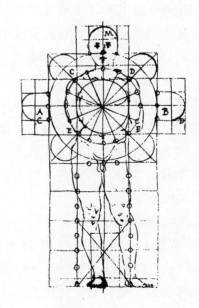

● 图4-9　人体与教堂平面（马丁尼，1480—1490）

一个自然站立的理想人体与教堂平面在度量上是同构的。以人体头部的宽度为度量单位，教堂平面以简单的比例坐落于度量的方格网之中

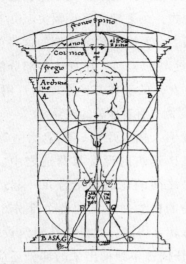

● 图 4-10　**人体与教堂立面**(马丁尼，1480—1490)

一个自然站立的理想人体与教堂立面在度量上也是同构的。不过这一次是以人体头部的高度为度量单位，而教堂立面则以简单的比例坐落于度量的方格网之中

(2) 阿尔伯蒂论建筑艺术

阿尔伯蒂[1]被认为是文艺复兴时期极具代表性的建筑师，并将文艺复兴建筑的营造提高到理论高度。在他的《论建筑艺术》(1485)一书中，他从人文主义者的角度讨论了建筑的可能性，并提出建筑师应该根据几何原理，在圆形、方形等基本图形的基础上进行合乎比例的重新组合，寻找建筑中美的结合点。这是当时第一部完整的建筑理论著作；在印刷术的帮助下，它还推动了文艺复兴运动的发展。

阿尔伯蒂十分推崇古代的建筑，他的《论建筑艺术》就是以古罗马的《建筑十书》为范本，刚好也是十卷，因此有时也被称为《建筑十书》。不过，他的终极摹本终究还是自然本身，因为"自然完全是前后连贯一致的"。

◆ 几何图形的游戏

阿尔伯蒂相信，自然最钟爱的理想图形是圆——因为"她"将地球、星辰、各种动物以及它们的巢穴等等都制造成圆形；其次是基本的规则图形，包括六边形、正方形、八边形等——因为蜜蜂等各类昆虫都会学习如何将它们的巢穴制造成各种形状的六边形。

因此，在设计圣·潘克拉齐奥教堂(San Pancrazio)时，阿尔伯蒂为放置圣像的神殿设计了几十个大理石镶嵌的圆形饰物。这些圆形饰物都是中心对称，分别拥有各种正多边形的结构与组合方式，仿佛都出自阿尔伯蒂的几何图形的游戏(图 4-11)。

● 图 4-11　**圣·潘克拉齐奥教堂的圆形饰物**(阿尔伯蒂)

(*a*)三个设计都是基于正十二边形结构，内部为正六边形；(*b*)四个设计都是基于正十边形结构，内部为正五边形；(*c*)八个设计都是基于正八边形结构，内部为正六边形；(*d*)四个设计都是基于正八边形结构，内部为正四边形

◆ 数字比例的愉悦

在《论建筑艺术》的第九卷，阿尔伯蒂对比例作出了一系列明确的规定。这些规定应该是来源于他对毕达哥拉斯的某些信仰：世界是完全前后一致的，能够令声音和谐悦耳的数字，同样能够使眼和心异常愉悦。

所以，他首先阐述了音乐中的主要和声，然后将它们直接转化为建筑的比例：开始是二维平面的比例，然后是包含三维空间的比例(图 4-12、图 4-13)。对于一个有实践经验的建筑师来说，阿尔伯蒂的这些推

---

[1] 阿尔伯蒂(Leone Battista Alberti，1404—1472)，文艺复兴三杰之一。他在生前就被誉为"完全的人"，是文艺复兴时期意大利所独有的"全才(l'uomo universal)"，据说"能够完成他们所想做的一切事情"，从体育到绘画等，特别是他学习音乐从未拜师，而作曲却得到了专家的称赞。阿尔伯蒂被誉为是真正作为复兴时期的代表建筑师，将文艺复兴建筑的营造提高到理论高度。此外，他并不满足于像维特鲁威一样仅仅编撰一部大型论著，在完成《论建筑艺术》十卷的写作后，又投身于建筑实践，并留下了许多优美的建筑设计。

荐比例更像是空间经验的总结，而非纯粹的数学理论推理。

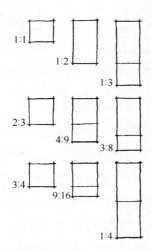

● 图 4-12　平面的推荐比例（阿尔伯蒂，1450）

或许没有一个人会觉得一堵墙的尺寸很迷人，如同没有人会赞美一个音节非常迷人一样。可是，当一些尺寸适宜的开间恰到好处地联系在一起时，它们便传递给观者一种音乐上的和谐感。一面墙被视为一个建筑单位，包含了明确的和谐潜能，就像音阶的各种协和音一样。在平面图的推荐比例中，阿尔伯蒂的意图似乎是以简单的比率如3:2、4:3和2:1——用音乐的术语来说就是五度音、四度音和八度音——来构成比较复杂的比率。在本图中，第一列比例是推荐给小区域使用的；第二列是推荐给中等区域的；而第三例则被推荐给了地形狭长的区域

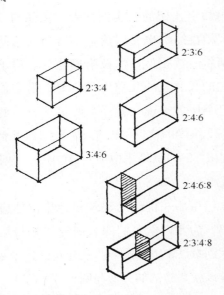

● 图 4-13　空间比例的推荐（阿尔伯蒂，1450）

阿尔伯蒂建议将房间的高度作为比例中项。第一列两个比例是推荐给较小的房间用的；而第二列比例是推荐给较长的房间用的

在建筑中，阿尔伯蒂的设计手法严谨纯正。在完成《论建筑艺术》十年之后，阿尔伯蒂设计建造了当时最早的一座集中式教堂，即有名的曼图亚的圣塞巴斯蒂亚诺礼拜堂（San Sebastiano, Mantua, 1460）。该建筑的内部空间结构及其简单明了，中心对称，各构件分层布局，恢宏庄严，富有纪念气息（图4-14、图4-15）。

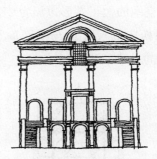

● 图 4-14　圣塞巴斯蒂亚诺礼拜堂立面（阿尔伯蒂，1460）

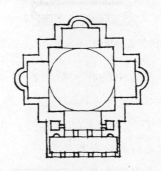

● 图 4-15　圣塞巴斯蒂亚诺礼拜堂平面（阿尔伯蒂，1460）

教堂正中央为一个立方体空间，上部设置了一个交叉拱顶；四侧均为较小的筒形耳室，其中西侧连接了入口门廊，另外三侧顶端有着半圆形拱顶的凹室

不过，与他在《论建筑艺术》中阐述的简洁明了的设计理论不同，礼拜堂的设计充满了不确定性。由于阿尔伯蒂本人从未对他的建筑设计作出过任何解释，它们便成为后来的研究者们深入思考与激烈争论的焦点；他们都在苦苦思索：他究竟是如何将他的设计理论付诸营造实践的。

在现代著名建筑理论家里克沃特（Joseph Rykwert, 1926—　）的眼中，礼拜堂被解释为三种立方形体系的重叠图（以下数值的单位均为罗马米）（图4-16）：

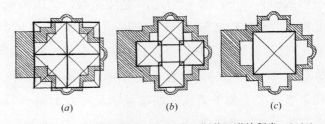

● 图 4-16　平面图的各种比例（圣塞巴斯蒂亚诺礼拜堂，1460）

（a）礼拜堂的外墙所限定的整个轮廓包含了四个边长为27的正方形；

（b）在室内，4个边长为16的正方形限定了拱壁的长与宽；

（c）中央空间的大正方形边长为27。

同时，剖面中的尺寸也与平面取得了统一：中央穹顶的高度也为27（图4-17）。

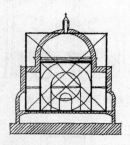

● 图4-17　立面图的各种比例（圣塞巴斯蒂亚诺礼拜堂，1460）

上述比例关系中的相关数值都是平方数或立方数：$4=2^2$，$8=2^3$，$16=4^2$，$9=3^2$，$27=3^3$。古人向这些数字赋予了至高无上的重要性；古希腊人甚至认为它们的意义与灵魂有所关联。

另一位研究者则在礼拜堂中发现了另外一个频繁出现的比例——6∶10。其中，6和10正好都是维特鲁威曾经讨论过的"完全数"。他在《建筑十书》中记载说：在希腊时期，人们大多相信10为完全数，因为两个手掌的手指的总数就是10，此外，柏拉图也称赞过这个数字是完美的；另一方面，数学家持不同观点，他们认为数字6才是完美的完全数，因为英尺单位就是以个人身高的六分之一来确定的，如果用英尺数来表示一个人的身高，数字6就是极限。而罗马人相信10和6都是完全数，他们将两个数结合在一起，由此创造了最大的完全数16。

纯粹从数学上来分析，6是完全数，因为它是自身因数的和（1＋2＋3＝6）；10是完全数，是因为它是前4个自然数之和（1＋2＋3＋4＝10）；16除了是6和10这两个数字之和以外，还是第一个平方数的平方（$2^2=4$，$4^2=16$）。结合古人对完全数的崇拜，当代学者给出了关于圣塞巴斯蒂亚诺礼拜堂的另外一套可能的比例系统（图4-18）。

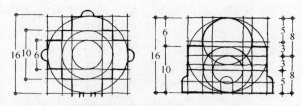

● 图4-18　比例分析之二（圣塞巴斯蒂亚诺礼拜堂）

6、10、16都是人们心目中的完全数。此外，剖面上的连续比3∶5∶8包含一个黄金分割的近似值

从上述对圣塞巴斯蒂亚诺礼拜堂比例的分析，我们发现截然不同的比例系统也可以被应用到同一栋建筑中去。此外，研究者还发现，它们完全无法用阿尔伯蒂在《论建筑艺术》一书中关于比例的建议来重建这座教堂。这种矛盾或许可以准确折射出阿尔伯蒂对于建筑比例问题的态度：建筑设计中的比例绝非僵化的条条框框，而是一种普遍的联系。这一事实进一步说明：尽管我们面临了诸如阿尔伯蒂这样伟大的建筑大师有关比例问题的论断，这也不意味着在比例设计与分析方面已经没有创新的余地。

（3）帕拉第奥的别墅

作为文艺复兴时期另一位建筑大师，帕拉第奥❶也是简单数字比例的忠实拥护者。在他的《建筑四书》中，帕拉第奥也专门论述了恰当的房间比例问题。与阿尔伯蒂相似，帕拉第奥建议，房子的高度要么是它的长、宽的几何中项，要么是它们的算术中项。打个比方来说，就一个两倍正方形的平面图而言，三个维度的比例可以是6∶8∶12（几何中项），也可以是6∶9∶12（算术中项）。在书中，他推荐了7种房间比例（图4-19）。

那么，在那一世纪的建筑设计中，他应用了这些比例吗？为此，学者们深入研究了帕拉第奥的代表作圆厅别墅（La Rotonda）。从建筑的造型来看，建筑原型应该就是简洁的方形与圆形（图4-20）。

---

❶ 帕拉第奥（Andrea Palladio，1508—1580），文艺复兴三杰之一。文艺复兴时期的建筑理论家和建筑师。他的建筑作品风格严谨而富有节奏感，表现了手法主义的特征。1570年帕拉第奥发表了《建筑四论》，系统地总结了古典建筑的经验，并将柱式系统规范化，形成了被建筑界广为接受的建筑立面设计规范。作为他的代表作之一，圆厅别墅就是采用这一规范的典范。

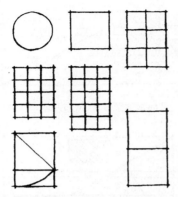

● 图 4-19　平面比例推荐，帕拉第奥，1570

7种推荐的平面形状分别为：圆，正方形，1$\frac{1}{2}$正方形，1$\frac{1}{3}$正方形，1$\frac{2}{3}$正方形，2倍正方形，以及$\sqrt{2}$矩形

● 图 4-20　圆厅别墅（帕拉第奥，1565—1569，维琴察）

在对别墅尺度的研究中，研究者们发现某些典型的比率和序列会重复出现，如 26∶15，以及 15∶11。其中，四角主要房间的长宽比为 26∶15，趋向于$\sqrt{3}$∶1；而走道旁的小房间的长宽比 15∶11 的数值非常接近($\sqrt{3}+1$)∶2。而中央圆厅的半径为 15 英尺，内切于它的等边三角形的边长恰好为 26，在尺寸和形状方面与主要房间的平面图一致。此外，中央圆厅的直径等于房间正方形平面的对角线长度（图 4-21）。

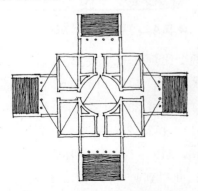

● 图 4-21　圆厅别墅的平面比例分析

在这里，帕拉第奥的一个创举是在相邻的空间里使用了连续性比例。阿尔伯蒂仅仅讨论过单个房间的比例问题，但帕拉第奥第一次将几个相互连接的空间以数值联系了起来。

此外，帕拉第奥还表现出这样一个倾向：每一栋别墅似乎都基于一个特定的数学主题，从而每栋别墅都具有一个特定的象征意义——文艺复兴恰好是一个喜爱数字游戏、类比与象征的时代。在圆厅别墅中，设计的主题很可能是源于 3 以及$\sqrt{3}$，考虑到业主是一位退休了的大人物，这个主题可能是一个三位一体的比喻。

4.1.3　现代的黄金分割模数

文艺复兴以后，特别是进入现代以后，比例理论在建筑设计领域的影响力逐渐衰退。在传统的建筑理念中，房子是宇宙的模型，而建筑比例是联系人造物和自然界的哲学基础。但 17 世纪以来，人们逐渐接受了由伽利略、牛顿等人描述的宇宙，然而在这一抽象、无限的存在与任何类型的建筑物之间，我们似乎已经很难依靠数字来窥见某种紧密、必然的联系了。艺术与数学应用之间存在了上千年的古老联系被破坏了。

这种情况一直持续到另一位对比例理论发展作出重要贡献的巨人的出现。他就是现代建筑大师柯布西耶。在杰出的现代建筑大师当中，柯布西耶是惟一将比例体系奉为设计哲学中心的人。

比例对建筑师从来就有着不可抵挡的魅力；而到了现代，柯布西耶对比例的态度的显著转变，就是这一巨大魅力最具说服力的佐证。柯布西耶对在艺术中运用黄金比例的做法本来持怀疑态度，曾激烈反对用黄金分割来替代感官上的神秘情绪。不过，他对由基本形态为基础的自然现象从来就抱有浓厚的兴趣。还在十分年轻的时候，通过对动、植物和变幻的蓝天的观察，他就已经意识到：自然的秩序与法则是显而易见的，是"没有目标的统一性和多样性"，是"微妙、和谐，以及强有力的"。柯布西耶对自然现象的观察贯穿了他几乎整个一生，并从大量事实中积累了自己的观点与论据："自然受到数学的支配，艺术杰作与自然是一致的；它们体现了自然的规律，并且来自于这些规律。"——也正是由于拥有这种怀疑与实证的态度，柯布西耶被誉为文艺复兴精神在现代的传人。

◆ 柯布西耶的参考线

在1923年的《走向新建筑》一书中，年轻的柯布西耶就提出了以"参考线（Traces Regulateurs）"来建立设计构图的必要性。这些参考线是建筑立面构图上重要的矩形部分的对角线。他认为，通过这些线条的平行或垂直相交，我们可以揭示出整个构图中一种或几种反复出现的相似矩形，而且这些矩形通常都是长宽比为黄金分割的矩形。柯布西耶认为这些线是用来确定构图中各要素的位置从而获得整体的和谐和美观的辅助线。随后，他还在书中列举了对一些古代经典建筑作品所作的分析，以揭示其中隐藏的参考线（图4-22）。

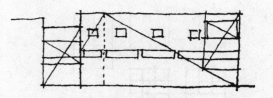

● 图4-23 让纳雷别墅分析（柯布西耶，1924）

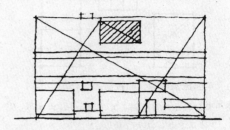

● 图4-24 斯坦别墅分析（柯布西耶，1927）

◆ 人体模度体系

那么，模度体系到底是一个怎样的比例系统呢？

将一个身高6英尺（约183cm）、手臂上举的人（226cm）置于方框中，我们发现，其身高与肚脐到脚的距离（113cm）的比值恰好将人体高度黄金分割。而手臂下垂到脚的距离（86cm）又将整个高度黄金分割。总的来说，模度中的数值之间存在着两种关系：一种是黄金比率关系；另一种是上伸手臂之高恰为脐高的两倍，即226和113cm（图4-25）。

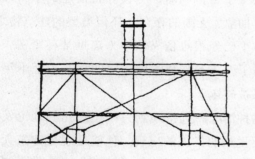

● 图4-22 卡比多广场建筑分析

柯布西耶在《走向新建筑》一书中回忆了他的一个偶然发现：一天，他发现桌子上摊放着几张明信片，其中一张印着米开朗琪罗设计的罗马卡比多广场。当他直觉地将另一张明信片的直角摆放到广场建筑立面上时，他再次看到了一个熟悉的真理：直角支配着整个构图

参考线原理也被应用于他自己早期的建筑设计，如巴黎的让纳雷别墅（La Roche-Jeanneret）和斯坦别墅（Villa Stein）（图4-23、图4-24）。在柯布西耶所有早期的建筑中，从立面的整体构图，到扶手栏杆等较小部分，黄金分割反复出现。这些尝试与思索终于将他导向了"模度（Modulor）"，一种比参考线更为灵活的比例体系。

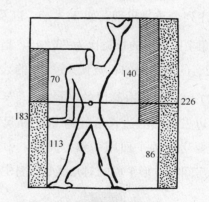

● 图4-25 模度的几个关键值

将这两个比例进一步黄金分割，可以引出两个交错递增的数列。利用113的尺寸产生黄金比70，由此得到红尺，或称红色系列：4，6，10，16，27，43，70，113，183，296……（$43=70×0.618$，$70=113×0.618$，$113=183×0.618$……）；利用$226=86+140$，由此得到蓝尺，或称蓝色系列：13，20.6，33，53，86，140，226，366，592……（图4-26）。

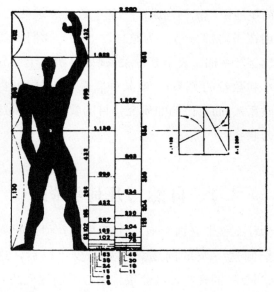

● 图4-26 模度系列

模度中包括的几个关键数字还可以利用斐波那契数列（详见第4.2节）结合在一起：43+70=113，70+113=183，43+70+113=226

柯布西耶注意到：在模度系统中，几个关键的数值，即举手高（226cm）、身高（183cm）、脐高（113cm），和垂手高（86cm），都来源于人体。看来，柯布西耶似乎旨在回归尺度的本源。按照维特鲁威的说法，最早的营造者将他们的身体来当作度量的基础，因此原始的棚屋与人体有着最紧密的联系，从而得以与自然和谐共生。如今，柯布西耶梦想在人体尺度的基础上，重新建立起人与自然的和谐关系（图4-27）。

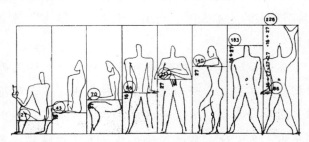

● 图4-27 人体尺度的度量（柯布西耶）

模数数值与人体尺度之间富有特色的关系。模度数列中的每一个数字不仅具有数学上的意义，而且具有其建筑学上的现实含义，如令人们感到舒适的家具的尺度：椅子的高度（27、43），桌子与吧台的高度（70、86、113、140），以及门的高度（183、226）

1949年，柯布西耶的《模块化：人体比例的和谐度量可以通用于建筑与机械》出版，从书名就不难看出柯布西耶的抱负和他对模度体系的期望。这本书有一点自传的性质，因为柯布西耶在书中详细描述了模度理论如何伴随着自己的成长而萌芽、发展、完善，就像描述一个令人振奋的发现之旅。在侦探小说般的《模块化》中，为揭开自然的神秘面纱，柯布西耶提供的了大量的证据、线索和推论过程（图4-28）。就像阿尔伯蒂一样，他所希望宣告的真理或许就是：自然的统一多样性是由简洁的比例经过复杂演绎而来的。

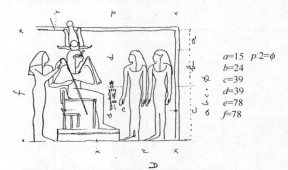

● 图4-28 埃及艺术比例分析（柯布西耶，1948）

1948年夏天，柯布西耶忽然想起了埃及人，以及他们高雅、质朴、稳重的艺术。于是，他随手找来一张阿比多斯（Abydos）神庙中的图像，并进行了比例分析。ϕ表示黄金分割比0.618

随后，柯布西耶将其作为一种重要设计工具在实践中加以应用，其中马赛公寓（Unite d'Habitation，1947—1952）是主要的实验范例。在设计过程中，柯布西耶随意在模度数列中选取数值，而选择的依据则是该数值是否足够接近功能上必需的尺寸（图4-29、图4-30）。

● 图4-29 马赛公寓立面（柯布西耶，1947—1952）

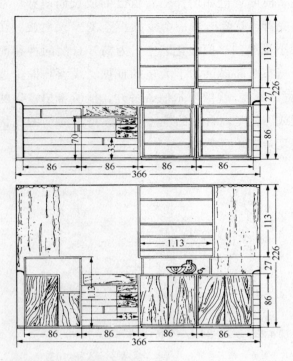

● 图4-30　马赛公寓室内设计（柯布西耶，1947—1952）

不过，为了让我们不至于过分神化设计中比例的作用，我们有必要引用柯布西耶在《模块化》中的相关论述，并用它来总结比例的意义："原则上，辅助线不是一个预先设定的规划。在一个特定的形体中选择它们的依据是形体自身的结构——某种被事先阐明、充分真实地存在的结构——的需要。各种辅助线仅仅是在几何平衡的意义上建立起来了顺序和明晰的关系，以达到或要求得到某种真正纯正的关系。辅助线不会带来诗意和抒情的想法，它们无法激发作品的主题，它们也不会带来创意——它们仅仅建立起一种平衡关系。它是一件灵活、单纯和简单的事情。"

既然比例无法为我们提供新思想，那么创新从何而来呢？从某种意义上说，能够提供新思想的是构成的过程。而比例则只是一个分析形体相互关系的步骤，一种获得视觉平衡的方法。可以说，几何构成是一种将各种元素汇集成一个纯正整体的系统方法。由此可见，爱因斯坦对于《模块化》一书的评论是何等恰如其分："（比例）使得糟糕的困难，优秀的容易"。

简单地说，比例构成是一基于数学思维的艺术，其作用在于将部分结合为整体。如今，我们依然使用"比例"一词来表示某种关系（如事物各个部分之间大小和数量的关系），或某种联系（如不同事物之间的联系）。而对比例的研究，目的就是要揭示这些关系与联系。

4.2　自然与几何结构

为什么苹果立面会有一个五角星？似乎只有孩子才会问这一类的问题。在我们成年以后，这类"理所当然"的现状，已经很难引起我们探究的好奇心了。然而，在自然界中，这种有趣的几何现象不胜枚举：从天然晶体的结构到华丽的螺旋贝壳，从植物叶片的排列方式到雄鹰接近猎物的路径，从宇宙大爆炸形成的漩涡星云到包含亿万星体的银河系，都有着相似的结构。一旦开始观察与思考，我们就会被一种无所不在的"巧合"与秩序所震撼。

这也就不难解释为什么神秘的大自然永远是艺术家与数学家们所向往的真理隐匿之所。在数学家眼中，自然"充满了令人满意的和谐品质"（毕达哥拉斯）；在艺术家眼中，自然"美丽、简洁、直接，既无不足，也无多余"（达·芬奇）。达·芬奇更是为"名副其实的艺术大师"列出了庞大的"基本"观察计划：

你是否知道人类的动作有多少种形态？你是否了解自然界有多少种动物，多少种树木，多少种花草，多少种泉水，多少种河流，多少种建筑，多少种城市，多少种人类适用的工具，多少种服装，多少种饰物，多少种工艺品？任何一位名副其实的艺术大师都应有能力熟练而优美地描绘出所有这一切。

——达·芬奇《自然书目手稿》

那么，自然界各种（几何）形态与结构是偶然的还是有规律的？这个深不可测的自然是我们能够理解的吗？除了审美享受，设计师还可以从自然中获得怎样的启示呢？

4.2.1 自然规则的结晶

在欧洲大陆，人们很早就感悟到自然晶体的魅力，哲学家们甚至将这种形式升华为普遍自然力量高度凝聚的形式。德国哲学家黑格尔（1770—1831）曾以矿物学的结晶体为例，分析了形式和内容的直接统一，他认为晶体的自然美是内容和形式直接统一的结果。德国哲学家叔本华（1788—1860）也指出："它（结晶）是无机自然界中普遍自然力表现出的客体化形式，其原始形态的聚合体"，"不论时间、空间与众多影响因素，它们总是完整而又毫无差别，可见是自然规律的直接反映。"

（1）雪花的规则

雪花算得上是最美丽的晶体之一。在自然状态下，雪花晶体的直径往往不到 1mm，一个硬币那么大的雪团大约包含一百多片雪花。如果想看得更清楚，即使屏住呼吸接近它们，一眨眼，这些透明晶体就会迅速地消融在几乎可以忽略不计的一丝热气里，只来得及留给我们似是而非的六角星形小薄片的形象。因此，雪花几乎成了渺小、脆弱、短暂的代名词。然而，在放大镜下面，这些"微不足道"的雪花却呈现出令人惊讶的生命力（图 4-31）。

● 图 4-31 **雪花晶体**（捷尔吉·多齐，1981）

每一朵雪花都有不同的图案单元，就如下方带箭头三角形所指示的那样。每一种图案单元都拥有相似的结构要素：主次分明的主轴和分支。图案单元在任何一朵雪花中都遵循统一工序，中心对称地重复 12 次。各异的构图单元和统一的结构造就了统一而多样的雪花形式

一方面，尽管形体微小，但雪花晶体绝不是漫不经心的批量生产出来的一成不变的作品。相反，它们形式多变，几乎没有两朵雪花是完全相同的。相关的气象学研究指出，这种多样性的形成与它们的生成环境有关：大气状况复杂多变，雪花生成时会遇到不同的温度与湿度的组合，各自独特的成长方式造就了千姿百态的雪花结晶。

另一方面，在保证多样性的同时，无论时间、空间怎样改变，雪花始终都谨守着最基本的六边形结构原型：有主次分枝的图案单元遵循同样的工序，

中心对称地重复12次。

这种细微而严谨的几何结构不由得让人惊叹：到底是什么力量既理性强大，又无微不至，才能够如此不分昼夜、无所不在、巨细无漏地"监督"了雪花的形成过程呢？

对于这个问题，结晶学上的解释非常扼要：这种结构是晶体在平面上以最有效率的方式布置的必然结果。

(2) 晶体的启示

◆ 密斯与玻璃摩天楼

或许会出乎许多人的意料之外的是，这种冷漠、严谨的无机结构却曾经激发了一个几乎塑造了20世纪大都市面貌的梦想。

故事发生在20世纪20年代末期，后来富有盛名的现代建筑大师密斯时年36岁。当时，人们正在积极地抨击"浮华造作"的传统建筑样式，各国的建筑师与艺术家都在积极挑战传统的逻辑，探索新的造型原则：一种最为理性、纯净、能够充分发挥新材料（玻璃、钢等）特性、真正属于新时代的建筑样式。也就在这个时期，欧洲大陆范围内萌发了大量关于摩天楼的幻想设计。在它们当中，密斯的方案最为纯粹：它不仅在造型上饱含预见性，在结构、功能创新上也高瞻远瞩（图4-32）。

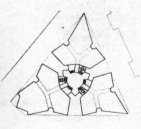

● 图4-32　玻璃摩天楼（密斯，1920—1921）

密斯在研究玻璃模型时发现，玻璃的反射效果与普通建筑物中常见的阳光与阴影的对比效果很不相同。而晶体般的玻璃摩天楼有着简洁的造型，以及变幻无穷的光影效果。平面图大致呈中心对称的三角星形状。为了符合基地轮廓限制，图中建筑左下方的轮廓有所调整

这是一个全玻璃帷幕摩天楼的方案。年轻的密斯从严谨而优美的天然晶体中得到了启示，精练了造型艺术构成要素，充分发挥出玻璃面在光线照射下所形成的复杂反射，创造出水晶般理性而剔透的建筑形象。

方案选择了中心对称的三角形平面——从前面对晶体结构的分析中，我们已经了解到这是一种非常有效率的平面布置方式。此外，这种布局方式还有其独到的造型意义：能够破除摩天楼大面积玻璃的单调感，充分展现出玻璃幕墙在光线照射下所形成的复杂的反射，展现出玻璃这种（当时的）新材料在造型方面令人惊喜的潜在力量。

在当时所有关于玻璃摩天楼的概念设计中，密斯的方案最为成熟。从外形到对材料的应用方式，设计方案都近乎完美地体现了"少即是多"的设计原则，为年轻的建筑师首次赢得了国际声誉。由于这种对玻璃建筑的呼唤非常理性且合乎时宜，加上设计者个人的努力，这个"凭空而来"的建筑梦想在短短30年后就变成了阳光下的现实，并拥有无数虔诚的信徒，最终在20世纪60～70年代风靡全球。

◆ 富勒与穹窿建筑

不到半个世纪之后，美国建筑师富勒又从晶体中引申出另一个影响了一个时代的建筑原型——地球仪式穹窿。

作为造诣很深的数学家与工程师，富勒发现自然界存在着某种能够以最少结构提供最大强度的系统，因此在设计中一直致力于"以最小限追求最大限（Doing the most with the least.）"理念的推广。他十分推崇球体造型，一方面是因为球体的经济性：在有同样容积的所有几何形体中，球体是表面积最小的（见诸鸡蛋、苹果等自然造型）；另一方面也是源于他的哲学思想：圆形和球体是世界上最小、最大的物质构造的原型[1]。然而，几百年来，球体这种

---

[1] 富勒认为，世界上最小和最大的物质构造是圆形和球体。圆是可以被无限扩大或缩小的基本原型，同时它也是最小和最大物质运动轨迹的形体。富勒认为"为人间的建筑，为宇宙的建筑"不只是空洞口号。创造宇宙的建筑，必先了解宇宙的构造，延续宇宙的整体性特征。他相信，宇宙建筑的形必然是圆，空间必然是球体。

纯粹的几何形体虽然一直萦绕于建筑师的梦想之中，却始终苦于没有恰当的结构来付诸现实。

直到某一天，富勒观察到，在有机化合物中，晶格以角锥四面体为基本单元来构成网格球形穹顶（图4-33、图4-34）。当富勒认识到了正四面体与球体之间的这种相互关联时，他非常高兴地宣称，自己终于发现了建造球形结构或多面体穹窿建筑的可能性。

● 图4-33　正四面体单元

四面体是有四个三角面的角锥体。作为最简单的三维刚性结构，它在三维空间中所扮演的角色与平面中的三角形一样。富勒发现，二十面体可分解为正八面体，正八面体又可被分解为正四面体。鉴于所有的多面体都可分割为基本的正四面体，富勒由此断言：宇宙中的一切结构都由这种基本结构单元——正四面体所构成

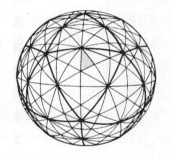

● 图4-34　二十面体和球体

二十面体可以由正四面体来构成。受到这种构成的结构方式的启示，富勒发现了构成球体表面的方法：他设想用31个大圆圈切割的球体，切彼此交叉形成尺度一定的三角形，而这种三角形球面正好是正四面体的外表面

基于"少费多用"的基本原则，富勒创造出一种几何穹窿结构，利用互相交错的正四面体单元构成重量很轻的结构，其中不需要任何支柱，就能支撑覆盖巨大面积的天棚。在这种结构中，应力分布在结构本身之内，材料的受力经济合理，因此，人们可以凭借最少的材料创造出最大的内部空间。

1967年的蒙特利尔世博会为富勒的穹窿建筑提供了现实的舞台。世博会美国馆的穹窿直径76m，高60m。整个设计简洁、新颖，建筑就像一个精致漂亮的水晶球（图4-35）。这个革新性的玻璃穹窿以较少的材料构成了轻质高强的屋盖，从容而优雅地覆盖了整个展馆空间。由于采用了正四面体的结构单元，使金属杆件规格最少，结构用料最省，便于施工和装配，完全符合了博览建筑的要求。

● 图4-35　蒙特利尔世博会美国馆（富勒，1967）

1965~1967年，富勒在来自麻省理工学院几位年轻建筑师和工程师的协助下，采用轻质金属和聚合材料建成了别具一格的球形美国馆。大尺度的圆球状在争奇斗妍的博览会上表现出与众不同的高效空间围合手段和美感，成为现代化的象征；而这个形式与结构的完美结合的杰作也令它的设计者一举成名

蒙特利尔世博会美国馆是人类建造的第一个正圆形的透明穹窿，具有划时代的意义。这个球形场馆的出现不仅使美国馆成为这届世博会的标志性建筑，同时还让全世界了解了网架结构的无穷潜力，使相关的设计理念迅速传播开来——目前，世界上依照此原理建造起的穹窿式建筑已有数千个之多。

由于其结构的合理性与经济性，以正四面体单元为基础的网架结构如今已成为大跨度空间的首选结构之一（图4-36）。

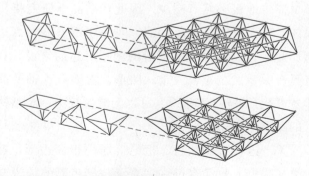

● 图4-36　平面网架的示意图

鉴于富勒的巨大贡献，美国建筑师学会给予了他崇高的评价："他是一个设计了迄今人类最强、最轻、最高效的围合空间手段的人，一个把自己当作人类应付挑战的实验室的人，一个时刻都在关注着自己发现的社会意义的人，一个认识到真正的财富是能源的人，和一个把人类在宇宙间的全面成功当作自己目标的人。"

4.2.2　苹果里的五角星

雪花中的六边形模式，虽然频繁地见诸无机世界，但在有机世界中则不常见。反之，一种不可能存在于无机世界的多边形，即五边形模式，却频频控制了许多种有机动、植物的结构。例如，海星是五角星形，苹果种子组成了一个天然的五角星，苹果花以及许多其他花卉的花瓣都呈五角星形式排列，等等（图4-37）。

● 图4-37　苹果里的五角星（奥托·威廉·托梅，1885）

（1）神秘的五角星

为什么五角形模式不可能存在于无机世界呢？打个比方说，如果地板是用正五边形瓷砖拼成的，整个瓷砖地板必然有空隙。因此，结晶学研究指出晶体点阵不可能是五边形的，因为它不可能像六边形那样组合成全方位都平滑的图形。总的来说，只有具有一重、二重、三重、四重、六重对称轴的晶体才可能有平移对称性❶，可以无缝拼接为一个整体性的图形（图4-38）。

关于这种特例独行、拒绝群居的正多边形，在人类文明史上曾经有过许多充满神秘色彩的传说与

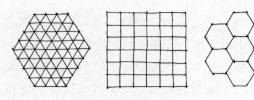

● 图4-38　无缝拼接的平面图形

记载。在巴比伦语的文献中，五角星的边可能表示定位：前、后、左、右、上。这些方向同样具有一个占星学的含义：它们代表五个星球，即木星、水星、火星、土星、金星（代表上位）。此外，五角星在人们的认识中还与金星有着密切的联系，并且这种联系或许来源于天文学家的观察：围着太阳的金星轨道每八年重复一次，它自成的五个交叉点恰好画出一个近乎完美的五角星。

五角星也有其特殊的宗教象征意义：它是魔术的代表符号，是非犹太教徒的符号。虽然基督教会在早期曾经用五角星代表耶稣的五个伤口，不过，现在这种形状则更多地隐喻了撒旦和异教徒。此外，在传说中，五角星在魔法中是一种特别的图形：用正的五角星作魔法阵是白魔法，倒过来的五角星则象征黑魔法。

◆ 黄金分割比例

五角星受到数学家与艺术家们的偏爱，这种现象或许还与等边五角星的这种属性有关：在五角星任何一个角的等腰三角形中，它较长的一边的长度和较短一边的长度的比例为ϕ（应用时一般取1.618）。此外，五角星外切正五边形和内切正五边形的边长之比为$\phi^2=1+\phi=2.618$，而内切正五边形各顶点的连线又构成了一个正五角星。这种比例关系还可以无限地延伸下去（图4-39）。

大家对0.618这个数字不会感到陌生。在16世纪初意大利版的书中，它被称为"神圣比例"；19世

---

❶　平移对称性是指一个物体沿直线移动一段距离，看上去并无变化的特性。砖墙、花纹地板、晶体点阵，等等，都具有平移对称性。平移对称性是物体组合为点阵的必要前提。晶体中的对称轴的轴次n并非可以有任意多重，而只可能为1、2、3、4、6，即在晶体结构中，任何对称轴或轴性对称元素的轴次只有一重、二重、三重、四重和六重这五种，不可能有五重和七重或更高的其他轴次，这一原理被称为"晶体的对称性定律"。

纪以后，它更是被尊称为"黄金数"或"黄金比例"（图4-40）。

按照传说，黄金分割的数字最早由古希腊数学家毕达哥拉斯发现。公元前6世纪的某一天，毕达哥拉斯偶然经过铁匠铺时被悦耳的打铁声所吸引。这清脆悦耳的声音中隐藏着什么秘密呢？经过一番研究，他发现发出悦耳敲击声的铁锤和铁砧之间都存在一个十分奇妙的比例关系，大约是1：0.618。这可能就是人类明确发现"黄金分割"的最早记载。

经过研究，毕达哥拉斯进一步指出，这个使声音和谐悦耳的数字，同样能够使眼和心异常愉悦。这种论述完全符合数学家关于世界"浑然一体"的论断。

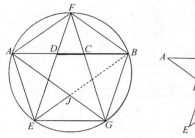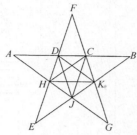

● 图4-39 五角星里的比例

如图所示，$AB:BD=BD:BC=BC:CD=\phi$。由于$BD=BF$，因此可知五角星外切、内切正五边形边长之间的比例联系：FB（外切正五边形的边长）：$BC=BC:CD$（内切正五边形的边长）$=\phi$。

◆ 潜在的联系：从形态到结构

自从0.618被定义为黄金比例之后，人们从各种存在与现象中发现了若干相近的比例。例如，对不同种类鱼的形态的研究揭示了一种（来源于共通的比例限制的）相似的和谐节奏。通过对太平洋中随机选择的10种鱼进行比例分析，研究者发现，这些鱼的基本轮廓线，以及某些身体的细节，都十分接近黄金比例，符合3-4-5直角三角形的几何结构（图4-41）。

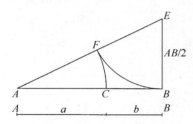

● 图4-40 黄金分割的取得

①作直角三角形ABE，令直角边AB的长度为另一条直角边BE的两倍；②以E为圆心，EB为半径作弧线，交AE于F点；③以A为圆心，AF为半径作弧线，交AB于C点，该点即为线段AB的黄金分割点。其中，$AB:AC=AC:CB=\phi$，即，$a:b=(b+a):a=\phi$。

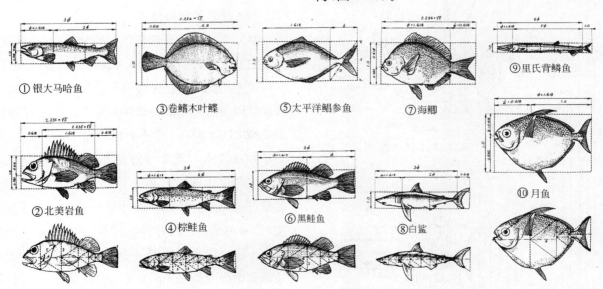

● 图4-41 鱼的比例（捷尔吉·多齐，1981）

图例表现了各种鱼的轮廓的比例关系，包括黄金分割的倍数、倒数等。在许多案例中，鱼嘴的位置在身体高度的黄金分割点上，如①②⑦⑩。最下面的一排图例显示了一系列3-4-5三角形如何被从头到尾依次置入鱼的轮廓线之内。带阴影的波纹形图表强调了这些比例的统一韵律

相似的和谐关系也见诸巨大的史前生物——恐龙。例如，异龙前、后肢的骨骼中就蕴含着某种我们所熟悉的和谐。通过比较分析，研究者发现，相邻的骨骼之间的比例在一个非常狭窄的范围内变化。所有的节点，如肩、肘、腕、膝、踝，以及细小的趾骨，由于分享了相似的比例，从而和谐地统一为一个整体（图4-42）。

研究者也在人体的各个部分找到了相似的比例关系。例如，在人的五指中，每一节指骨的长度、关节的位置等，都会有一种共同的韵律。如果进行详细的数据分析，我们就会发现，相邻指骨长度的比值虽然在0.8～0.5之间浮动，但这种浮动都是以黄金分割，即0.618为中心而上下波动的（图4-43）。而作为身体不可分割的一部分的手，应该能够折射出身体这个整体的比例原则。

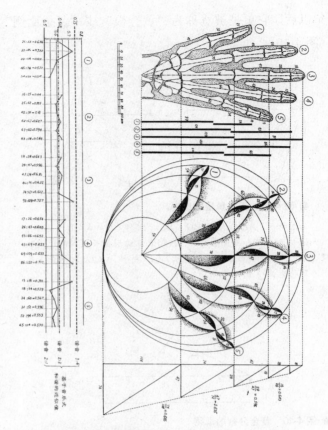

● 图4-43　五指的比例（捷尔吉·多齐，1981）

这是基于一张人手的X射线照片的数据分析。即使这只手因为关节炎而已经有些变形，但当我们将各节指骨的长度沿轴线方向排列时，我们发现所有的关节都落在同轴的圆上

（2）建筑的比例体系

从对多种生物形态与结构的分析中，我们似乎看到了它们某种共通的天性：任何一个整体的组成构件在尺度上的比值，存在着向黄金比例靠拢的趋势。或许就是因为这种相似的比例系统，大千世界的种种自然造型之间才拥有了令人震惊的统一多样性。

如此看来，黄金分割是和谐的源泉。创造和谐从这个角度上来说，黄金分割这一几乎被神化的力量或许超出了美学构图的作用，从而它更重要的（现实）意义在于：它拥有将不同部分结合成一个整体的能力；这一能力让任何一个部分既保持其原有个性，又能和谐融合到更大的一个整体中去。

这种对于系统与整体的关注在现代建筑与城市规划中变得更加明显与迫切。在现代社会，各种文化、理念与习俗剧烈地碰撞，建筑的个体如何才能既保有自己的个性，又能够和谐融合到城市，乃至

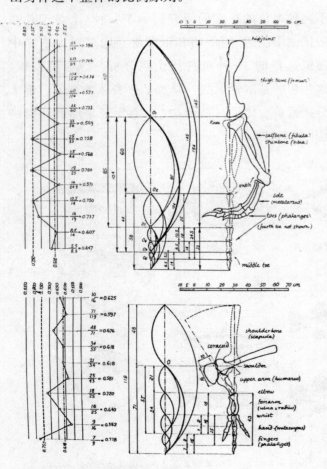

● 图4-42　异龙四肢的比例（捷尔吉·多齐，1981）

上图是异龙后肢的比例分析；下图是异龙前肢的比例分析。即使是前肢中一块小小的肩胛骨，在其高、宽比上也遵循了黄金比例

地域中去呢？

◆ 柯布西耶的准绳

柯布西耶开发的模度系统（详见 4.1 节）就是他所期望的可以统一整个城市的比例体系。在他 1949 年出版的《模块化：人体比例的和谐度量可以通用于建筑与机械》中，柯布西耶解释这是一种"以人体比例为基础，可普遍应用于建筑学与机械学的和谐的标准"。一般地说，小到门窗把手，大到建筑与城规，都能够从这个比例体系中找到参考数值。那么"模度"在柯布西耶的设计中起到了什么作用呢？它是否达到了他的预期呢？

20 世纪 50 年代后，柯布西耶将模度体系作为一种重要设计工具在设计实践中加以应用。其中，在进行昌迪加尔行政中心的设计时，柯布西耶利用模度体系将整个设计结合成一个如自然有机物一般不可分割的整体（图 4-44）。他在设计期间的工程笔记中写道："在划定窗户范围时用到了模度……办公室和一些房间的窗户必须光线充足，因此就整体而言，模度能够使每个部分实现结构上的一致性。设计建筑正立面的时候，在已经形成框架的空间立面，我们将使用模度理论所定义的红、蓝系列。"

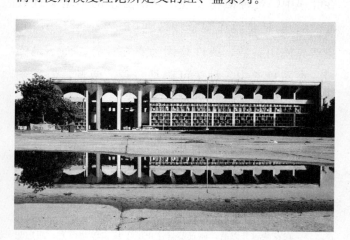

● 图 4-44　昌迪加尔行政中心高等法院（柯布西耶，昌迪加尔，1951）

行政中心是昌迪加尔的核心与标志，由秘书处办公楼、议会大厦和最高法院组成。前两者布置在进入行政中心的主干道左侧，最高法院远离它们，布置在右侧，共同构成了不对称却又均衡的平面与空间布局

在模度体系中，柯布西耶的本意是建立一个"各种比例的网格"，将模度系统扩展到所有的工地，作为整个工程的标准，提供无穷无尽、各不相同的组合与比例规范。这样一来，尽管泥瓦匠、木工，以及细木工所制造的一切存在差别、形式各异，但都能被这一"比例的网格"和谐地结合在一起，并进而帮助不同时期、不同功能，以及不同建筑师所设计的人造物建立起一种普遍的关联（图 4-45）。

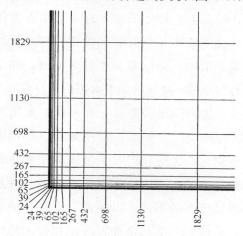

● 图 4-45　模度（柯布西耶，1950）

4.2.3　生命的曲线

然而，自从 0.618 被定义为黄金比例之后，我们看到了太多的匪夷所思的证据。这些证据如此丰富且确凿，以至我们不再会对几何形态上相关的发现真正感到惊奇了。

与此同时，许多对比例的细致入微、不厌其烦的观察通常都存在某种致命的缺憾。它们往往只是记录下了观察到的现象，却没能够解释它们形成的原因。至于黄金比例，我们更加好奇的问题似乎是：所有文献中记载的关于自然、艺术的黄金比例现象是真的吗？或者它们只是牵强附会乃至错觉？在各种具体的环境中，我们真的可以解释黄金比例现象的原因吗？

思想启蒙之后，人们热切地相信科学的分析能够发现古老的秘密。人们以更加理性、客观的态度来观察自然。随后，无数关于自然界的几何结构的形成原因得到了科学的解释。

（1）向日葵的执着

很早以前，人们就发现了向日葵有一种十分戏剧化的天性。在开花之前，花盘与叶片展现出戏剧化的向日性：叶子和花盘在白天追随太阳从东转向西；太阳下山后又慢慢往回摆，在大约凌晨3点的时候，又对着东方等待太阳升起。❶

这个"匪夷所思"的自然现象曾经引发了古人丰富的联想。在希腊神话中，向日葵成了悲伤的水泽仙女克丽泰（Clytia）的化身。克丽泰爱上了太阳神阿波罗，每天都会仰望天空，目光追随着太阳神驾着金碧辉煌的太阳车从黎明到黄昏。可是阿波罗却丝毫不为之所动。克丽泰最终郁郁而终，同情她的天神将她变成了一棵永远向着太阳的向日葵。

如今，植物学已经能够比较科学、系统地解释向日葵的"向日"天性了。简单地说，植物大多热爱、追逐阳光，这是它们与生俱来的生存本能。在向日葵和其他植物身上所表现出来的向日性显然是为了争取到更多的阳光，以便进行更充分的光合作用。在其他植物身上，这种天性更加普遍地体现为独特的叶子的生长次序，即叶序。

◆ 叶序现象观察

"叶子总是叶面朝上，以使整个叶面更容易承受露水；植物叶子的排列原则是叶子之间尽可能不互相遮挡。这样的排列形成了开阔的空间，让阳光透过、空气流通。由于叶子如此排列，于是从第一片叶子滴下来的水珠有时滴到第四片叶子，有时滴到第六片叶子上。"

上述叶序排列与滴水趣闻来源于达·芬奇的观察，并被记录在《法兰西学院手稿》中。但直到4个世纪之后的19世纪，植物的向光特性与叶序规律等现象的原因才终于有了较为科学、系统的解释。

叶子一般都从茎部顶端的生长点上生出来，长成后一般呈薄而平的片状，以便形成尽可能大的表面，并从周围环境中获取空气和光线。出于同样的效能考量，在整体上所有的叶子也会按照一定的顺序排列。

然而，作为一种普遍的生命现象，叶总是持续而有节奏地长出来。如此一来，新老叶子之间的矛盾在所难免：新生的叶子必然会遮挡较老的叶片，不利于它们吸收阳光。那么，作为整体的一部分，新叶子出现在什么位置才能一方面争取到足够的阳光，另一方面又减少对老叶子的遮挡呢？怎样的布局结构才能一劳永逸地解决这个问题，为未来的生长最大可能地预留空间，令整株植物始终都可以达到"采光"最大化的要求呢？

在上亿年的进化过程中，植物已经找到了十分巧妙的应对策略。植物学家发现，一片叶子到另一片叶子（或者一个枝干到下一个枝干）的路径，可以用螺旋状来表示（图4-46）。而且叶子的这种排列十分接近斐波那契数列。

◆ 斐波那契数列

那么，什么是斐波那契数列呢？斐波那契数列是一种无穷数列，其中每个数值都等于前面两数之和，如1，1，2，3，5，8，13，21，34，55，89，144，233……❷ 斐波那契数列与黄金分割有着密切的关联：相邻两个斐波那契数的比值基本上是恒定的，而且随着序号的增加，这个比例越来越趋于黄金分割比，即 f_n/f_{n+1} 趋向于 0.618。

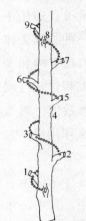

● 图4-46 叶子的螺旋排列

一般地说，自然本身似乎更加偏爱整数。因此在叶序中，各种植物表现出来的更多的不是无理数0.618，而是斐波那契整数数列（1，2，3，5……）。自然界使用整数，或许是因为它在计算，而不是测量。在向日葵中，种子可以是一颗、两颗，但种子数不可能是无理数。

除了向日葵花盘、叶序排列之外，花朵的花瓣数往往也隐含了神秘的斐波那契数列。例如，田野里各种雏菊的花瓣数大多是13，21，34，都是斐波

---

❶ 向日葵的花盘与叶子随着太阳的方位而转动的行为发生在开花之前。在花朵盛开以后，向日葵就停止了生长和转动行为，而把花盘固定朝向东方。

❷ 斐波那契数列（Fibonacci series）得名于最先研究这个数列的人，意大利数学家斐波那契（Leonardo Pisano, Fibonacci, Leonardo Bigollo, 1175—1250）。在1202年出版的《算盘书》中，斐波那契提出了一个著名的兔子问题："一个人把一对兔子放进一个四周都是墙的地方，假定一对兔子每月生一对小兔子，新生的小兔子过两个月以后就可以开始生小兔子，一对兔子一年能繁殖多少兔子。"在简单的计算方法后面，我们得到了斐波那契数列。在数学上，斐波那契数列是以递归的方法来定义的（即：$F_0=0$；$F_1=1$；$F_n=F_{n-1}+F_{n-2}$）。

那契数字。而花瓣数完全反映了这一科植物的螺旋数目。因此，才会有人在生活中根据雏菊的花瓣数来满足他们对神秘的未知事件的好奇："来，不来，来，不来……"

不过，还是让我们回到叶子排列秩序的问题。植物为什么要按照如此复杂的数学规律来排列叶片呢？从植物顶部往下看，叶子呈辐射状排列，长成越早的叶子离顶越远，同时也离茎干越远。叶子的排列平面图显示了叶片出现的顺序（图4-47）。其中，0叶出现得最早，所以目前它距离生长中心的距离最远。决定叶片位置的的决定因素就是连接中心与叶片的那些角度。这个角度非常接近137.5°——这正是数学上的"黄金夹角"❶。

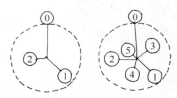

● 图4-47　叶子的排列平面

叶序既是生长的结果，又是生长的过程。新生的叶子按照统一的方式生长，不会破坏原有的秩序

新的问题随之而来：叶子为什么不按照其他的角度来排列呢？例如，采用另外一个比较常见的夹角120°？通过图解，我们发现，发散角度为120°时，叶片会以放射状排开，从而在三条呈放射性分布的叶子之间留下越来越大的空间，而新老叶子之间彼此的遮挡也会越来越严重。

这一对比让我们体会到了黄金夹角的优势。如果采取137.5°这样的发散角度，叶芽不会沿任何特定放射方向排列，即，永远也不会出现两片完全重合的叶子。如此，新叶子就有可能最有效地占有空间（图4-48）。在这种弯曲的螺旋线上紧密排列的时候，叶子之间相互重合的几率最低，就会出现类似生长螺线❷的几何图案。

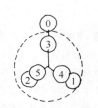

● 图4-48　发散角度为120°的排列平面

◆ 生长螺线

提到生长螺线就不得不提及雅各布·伯努利（Jacob Bernoulli，1654—1705）。他来自著名的伯努利家族——在数学史上，没有哪个家族像伯努利家族那样出了这么多的著名数学家（共11位）。雅各布·伯努利发现了生长螺线的许多特性。例如，生长螺线经过各种适当的变换之后仍是生长螺线，它的形状不会随着大小的增长而改变，等等。雅各布惊叹于这曲线的神奇几何特性，所以要求死后将它刻在自己的墓碑上，并附词"纵使改变，依然故我（eadem mutata resurgo）"——可惜雕刻师误将阿基米德螺线刻了上去。

生长螺线在自然界十分常见。在植物中，生长螺线排列最为完美与明显的是向日葵的种子，它们组成了顺时针和逆时针方向的螺旋线。至于这种现象的成因，显然是种子的这一生长位置让它们最为有效地分享空间（图4-49）。

● 图4-49　向日葵的花盘

在一般的植物中，甚至在新叶子长出来之前，叶子生长的秩序就已然确定了。植物的生长都是从茎干顶部的生长点开始的。在植物的生长点上，虽然人们暂时什么也看不见，但是新的枝叶已经在孕育了，它们的结构已经无可改变；它们一旦拱出表皮，那一定会是在特定的部位萌发。不过在这个基

---

❶　$360°/\phi=222.5°$。由于它大于180°，我们应该从圆周的另一个方向去测量，也就是说，用360°减去222.5°，就会得到137.5°。

❷　生长螺线（Growth Spiral），又叫对数螺线，或等角螺线，是在自然界常见的螺线。它的特点是自我相似，也就是说，生长螺线经过各种适当的变换之后仍是生长螺线。例如，生长螺线经放大后可与原图完全相同。

本而抽象的生存原则之后，不同的植物却都有着各自或许离奇有趣，却又博大精深的现实演绎。

在显微镜下面，在一棵南洋杉侧枝生长点的横切面中，漂亮的生长螺线得到了非常清晰的表现。此外，在意大利松果种子顶端横切面，我们也看见相似的发散型生长螺线，而每个细胞单元的形状、排列方式等又有着自己的特点。❶（图4-50、图4-51）。同样的排列规律也可以在松果的鳞叶或向日葵籽间找到。

● 图4-50　南洋杉侧枝生长点的横切面（库克，《生命的曲线》，1914）
（8＋13）系统

● 图4-51　意大利松果种子顶端横切面
（库克，《生命的曲线》，1914）
（5＋8）系统

◆ 鹦鹉螺与猎鹰的生命空间

"依然故我"的生长螺线不仅体现于植物，许多动物的形态与行为模式也与它有关。从深海中鹦鹉螺的造型，到雄鹰高空翱翔的路径，存在方式各异的生长螺线在自然界中得到了完美的演绎。

在自然界中，鹦鹉螺是最近似于生长螺线的天然物体（图4-52），这或许与它的生命方式有关。在鹦鹉螺成长的过程中，在它建成越来越大的外壳的同时，它会把不再发挥用途的小壳封闭起来。每次外壳尺度的增长都伴随着适当比例半径的增长，所以外壳形状保持不变（图4-53）。形象地说，鹦鹉螺一生都只看见同一个家，无需随着自身的长大而进行调整以保持平衡。

● 图4-52　鹦鹉螺的生存空间

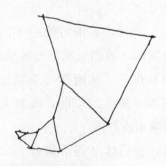

● 图4-53　螺壳的空间成长分析

贝类在持续生长的时候，假设新生部分是矩形，则螺壳应该生长成连续的直线。实际上一般贝类都是腹部比较坚硬，从而会对外壳产生一定的拉力，所以新单元一般会长成内侧较窄的梯形。在生长的过程中，螺壳会形成连续的螺旋形状，生物的体积与重量也都在增加，万有引力等许多力量也都在发挥作用，因此世界上每个螺壳单元都是一个不规则的四边形。但是，从图示的两个相邻单元我们不难发现：在同一个螺壳中，每一个新单元的形状都是一样的，只是大小逐渐递增而已。

---

❶　一般来说，在螺线曲线中，如果一个方向有5条曲线，则另外一个方向有8条曲线，表示为（5＋8）；如果在一个方向有8条曲线，在另一个方向则有13条曲线，表示为（8＋13）。这些排列方式也符合斐波那契数列的规律。

生长螺线与翱翔于天空的猎鹰也有非常紧密的联系。猎鹰是世界上飞得最快的鸟儿,能够以最高200英里/小时的速度扑向猎物。但是如果它们不是以螺旋轨迹,而是直飞目标的话,它们的速度可以更快。生物学家对此一直感到迷惑:它们为什么不以最短的距离飞向目标呢?观察表明,猎鹰的眼睛长在头的两侧,为了利用敏锐的视力,必须保证两只眼睛对猎物的视角相同;否则,它们就不得不把头向一边或者另一边转40°——而这种头部的小动作会在很大程度上减慢它们的速度。为此,猎鹰采取生长螺旋的方式来保持头部不动,因为这种轨迹的等角特性使它们在加速的时候仍能在视野内看到猎物。

也正是因为这种属性,生长螺线也被称为等角螺线。

◆ 引力的漩涡

在很早以前,达·芬奇就对漩涡的形式产生了浓厚的兴趣,并在对云影和水波的研究中多次提到螺旋的形式。他将对洪水的科学观察与从天而降的毁灭性力量联系起来,描绘道:"突如其来的水流冲进池塘,漩涡撞击着各种障碍……从撞击点飞出的圆形波浪的冲力把它们推向与其他波浪相反的方向。"如今,我们可以看到更多、规模更大的与漩涡有关的自然现象。例如,从卫星云图上,我们可以看到漩涡状的云纹,标示了热带气旋的范围与中心位置(图4-54)。

● 图4-54　热带气旋

此外,哈勃望远镜的观测数据显示,在我们能够观测到的大约万亿个星系中,许多都是螺旋星系。对于这种现象,天文学家有他们跨越时空、涉及广泛、细致入微的阐述。总的来说,这是宇宙中引力作用的表现方式。根据牛顿的重力理论,每个物体都会吸引另一个物体,相互之间的引力随距离增加而减少。在这样一个宇宙中,牛顿定理预示,地球可能的一种轨迹会是对数螺线,也就是说,地球要么朝太阳飞去,要么就会转向太空。

一方面,各种漩涡都拥有相似的生长螺线,似乎在暗示着这些形式的潜在联系,以及某种能量的排列与表现方式。另一方面,对于不同种类,不同地域,不同空间的动、植物和自然现象而言,采用哪种生长方式取决于如何才能最理想地分配空间这一因素。因此,每个漩涡之间也存在着种种差异——正是这样的差异构成了生命的特征。

研究似乎已足以证明,对于几何比例的各种偏好不仅局限于人类的审美,更重要的是:它是为数众多的动、植物各自生命成长的方式的一部分;在某些学者眼中,它还体现了生命的基本过程。

目前,生命形式中依然存在着许多令数学困惑不解的因素。螺旋排列的规律或许还不能作为一个普遍的自然规律而适用于所有的环境与存在,但是鉴于它在众多不同类型的存在中频繁出现,这种现象足以表明一种不容忽视的普遍趋势。

(2) 从结构到造型

在自然界中,我们观察到了五个花瓣的花朵,顺次排列的树叶与种子,等角螺线形的螺壳,等等。简单地说,有机造型的形式与机构都可以当作是内部生长规律(如螺旋线)同外力作用(如太阳、风和水)相结合的产物。比较常见的自然法则是斐波那契数列。它控制了叶序,也描述了某些事物的生长模式,如向日葵、鹦鹉螺和漩涡。这个数列也产生了黄金分割比例,即0.618。通过自然观察,我们还发现,数和几何结构本身都是美丽的,而且它们极有可能就是世上万物(无机物、植物及动物)的美之源泉。

在建筑学中，如同在自然界中一样，相似的结构与几何规则也支配了建筑物的结构与造型设计。如同在生物界很少看到独一无二的作品，艺术与建筑作品也是相似的。为每一种功能（因此而具有特征）找到一个正确的形式是建筑师的任务。

进入21世纪，城市里突然涌现出越来越多有着"自然"造型的有机建筑，完全颠覆了上千年来人们心目中的建筑形象。有机建筑源于自然形式，它以自然界的生物形态和生长过程为基础，强调通过自由的曲线和赋予表现力的形式来取得和谐。它向我们展示了一种新的设计方向，一种与传统观念中占据统治地位的正交模式全然不同的几何结构（图4-55）。

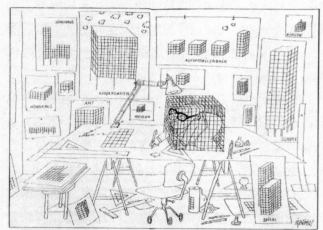

● 图4-55　讽刺画：建筑师的工作（格奥尔格·F·查德威克，1961）

在很长的一段时间内，方格网几乎成为了建筑师的监狱

◆ 王莲与水晶宫

"唯有自然才是真正的工程师"，结构工程大师、现代建筑的先驱者帕克斯顿爵士（Sir Joseph Paxton，1803—1865）如是说。约瑟夫·帕克斯顿是英国的园艺师、建筑师，因为他在1851年设计营造的伦敦世博会水晶宫而闻名于世。水晶宫（The Crystal Palace）是一个以钢铁为骨架，玻璃为主要建材的建筑，堪称19世纪的英国建筑奇观之一，也是工业革命时代的重要象征物。为此，园艺师帕克斯顿受封为骑士。

在1851年英国世博会建筑场馆的竞标中，为了迎合快速建造的设计要求（超过6万m^2的巨型展厅，却只有不足10个月的施工期限），皇家园艺师帕克斯顿决定在建筑中采用钢结构。当时，钢结构只是桥梁工程师的新发明，在建筑方面的应用仅见于很少的临时性温室建设。作为一名资深的园艺师，帕克斯顿不但见过许多温室，还非常熟悉温室中的各种植物。因此，帕克斯顿从王莲叶脉径向和环向互为交错的构造中获得了启示，模仿王莲叶脉结构，"创造"出合乎需求的钢结构布局方式。

这个史无前例的大胆结构造型融实用、坚固、美观为一体，在设计竞赛中一举夺标；随后的营造工作也在9个月内顺利完成，完全符合世博会主委会快速的营造周期的要求。宫殿宽408英尺（约124.4m），长1851英尺（约564m），主体结构为铁结构，外墙和屋面均为玻璃，整个建筑通体透明，宽敞明亮，故被誉为"水晶宫"（图4-56）。

● 图4-56　水晶宫（帕克斯顿，伦敦，1851）

那么，这种神奇的王莲是一种怎样的植物呢？一般来说，王莲给人最深的印象是它的叶子：大而圆的叶片直径约1～3m，可承受3个儿童（50～70kg）。这种令人惊叹的载荷能力与叶片特殊的结构有关：叶片反面有2～3cm的网状叶脉突起，就好像纵横交错的横梁一样，大大提高了整体结构的承载能力（图4-57）。

● 图4-57　王莲叶片背面的凸起叶脉

在世博会上，璀璨华丽的水晶宫不仅是博览会所展示的主要科技成果之一，更是强大的英国国力的象征。当时，在伦敦参观的清朝官员张德彝盛赞道："一片晶莹，精彩眩目，高华名贵，璀璨可观。"

总的说来，水晶宫在利用铸铁结构、全玻璃幕墙，以及标准预制件的使用，等等，在建造业方面都是首创，在建筑史上具有划时代的意义。这座以钢铁和玻璃为建材，由叶片联想而成的"水晶宫"，如今依然被尊为功能主义建筑的典范。直到今天，许多现代化的大厅、宫殿、厂房，都应用了大王莲叶片的承重结构原理（图4-58）。

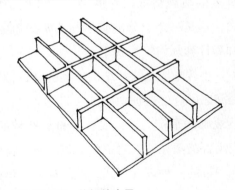

● 图4-58　格栅的应用

◆ 高迪的城堡

"我拥有看到空间的能力，因为我是铁匠的儿子，孙子和曾孙。

这棵树是我的老师，所有内容都在自然这本伟大的书上。

我什么都要计算到，合理的形状由此诞生而来。

我研习几何，几何就是合成之意。"

水晶宫建成的第二年，在遥远的西班牙，一位注定将会给人类带来更大惊喜的建筑师出生在一个打造锅炉的铁匠世家，他就是安东尼·高迪❶——后来被推崇为"鬼才"的伟大建筑师。高迪宣称："只有疯子才会试图去描绘世界上不存在的东西！"他从来不会挖空心思地去"发明"什么，他只想仿效大自然，像大自然那样去建筑点什么。虽然处于建筑学理念剧烈变迁的十字路口上，但是，高迪的作品看上去与过去（古典主义建筑）和未来（现代主义建筑）都截然不同，仿佛是一个孤独天才的离奇梦想，却又活生生地矗立在现实的阳光下。

高迪独特的价值观或许还与他小时候的经历有关。还在很小的时候高迪就患有风湿病，不能和其他小朋友一起玩耍，只能一人独处。他惟一能做的事就是"静观"：哪怕一只蜗牛出现在他的眼前，他也能静静地观察它好几个小时。

不同于其他循规蹈矩的建筑师，高迪曾说过："直线属于人类，而曲线属于上帝。"在他的建筑中几乎看不到一条直线，但他建筑中的曲线却无不与自然界的造型与结构有着千丝万缕的联系（图4-59、图4-60）。

● 图4-59　米拉公寓（高迪，1910，西班牙巴塞罗那）

面对高迪所设计的那些仿佛来自童话中的魔幻城堡，人们很难不去浮想联翩：它们是怎么产生的呢？鉴于高迪留下来的设计图纸不多，因此才有传

---

❶ 高迪出生在铁匠世家，天生就具有良好的空间解构能力与雕塑感觉。在父亲的训练下，高迪学习了装饰手工艺以及铜和其他金属的使用加工技术。这种知识背景令他天生就有一种通过直接的实践方法来进行设计和制作的习惯性倾向——这为他将来的建筑职业打下了良好的基础。

● 图 4-60　神圣家族大教堂（高迪，西班牙巴塞罗那）

● 图 4-62　自然的造型

言：他没有正式图纸，只凭借几张草图就开始动工了。这些传说无疑又令我们将他的艺术天分与创作过程进一步神话化了。不过，在看了高迪的模拟结构模型之后，我们对这位天才的认识或许会有根本的改变。

例如，在看到科洛尼亚小教堂（Church of the Güell Colony，1908—1917）的时候，我们都会被变幻无穷的砖券和屋顶曲面所吸引，因为这些倾斜的柱子和弧形结构完全背离了传统建筑的结构支撑原则，令我们想到若干有机结构的形象：手指间筋腱、树木、骨骼，等等（图 4-61、图 4-62）。我们知道，这些自然的结构造型都是由它们的功能和存在方式所决定的。那么，高迪的这些造型设计只是简单的模仿吗？这些造型与结构究竟是怎样得到的呢？

● 图 4-61　科洛尼亚小教堂

事实上，在建造这座教堂之前，高迪还是先做了一个探讨性的结构模型。这个模型使用了许多砂包，砂包内放有比例重量（1∶10000 的比例）的砂子；然后，用细线挂砂包。受到砂包重力的影响，细绳自然而然地被拉伸形成倒置的拱形，即我们今天所说的悬索结构。如果改变各点的砂袋数量，整个悬索网的形状也会发生改变。通过这种十分直观的方法，高迪就可以寻觅到心目中最为合适的曲面造型：一个既美观，又诚实地体现力学基本原理的结构形式。❶

随后，高迪把这种下拱造型拍成照片，然后倒置，使悬索造型成为拱形，于是获得建筑结构的绝对准确造型。不用计算，准确无误。吊线正好与结构应力线吻合。将模型照片翻转过来，也就找到了结构压力线。由于每一个受力点上砂包的重量与该点荷载保持一定比例，我们就可以据此来估算每个结构转折点的荷载情况，并进一步计算柱子所需的承载能力。这是一个十分准确但却非常简单的方法，令工程师和计算师们叹为观止。

最后，小教堂按照这一结构模型的结论被建造起来。这是高迪所有建造理念中最大胆的尝试，不仅实验了自然规则法平衡力，也实践了自然造型的法则：自然是充满着蕴藏在外表之下的力量，而大自然只是这些内在力量的一种表现形式。总的说来，科洛尼亚小教堂可谓是他最接近自然的作品。正如设计师本人所期待的那样：一座好的建筑物就得像树木一样自然耸立；在那里，主干托着支干，支干托着叶子，互相依存，浑然一体。自从上帝这位艺术家把它们创

---

❶ 高迪的设计理念是：最能承受拉力的结构，也必将最能承受压力——计算机已经证明了它的可行性。在悬吊着的悬索的两端，悬索中只有张力作用。悬索因为其上的荷载形成近似于抛物线的形状。把这条抛物线固定后，向上反过来，对结构产生不利作用的曲应力就完全消失，因此可以得到只有纯粹的压缩力起作用的最合理的结构曲线。把这个原理第一次运用到三维空间的就是高迪。

造出来，每一个独立的部分都和谐而蓬勃地生长。

在小教堂中，高迪使用了连续性的旋转抛物面及双曲面。这些造型在自然界十分常见；但在建筑领域，这是对三维的几何学及其结构形式的先驱性研究。此外，建筑的表面是那么流畅，以至于很难确切地判定哪里是屋顶的终点，哪里是柱子的起点——如同自然界的有机结构那样生动，没有任何人为的断裂感（这是存于人类建筑各构件之间的通病）。并且，大部分支柱也是歪歪斜斜的。在这些倾斜的柱子中，没有任何两棵是一样的，就像在自然界中找不到两棵完全相同的树一样。这种处理完全体现了高迪关于柱子的设计理念：在自然界中从来没有一棵柱子是垂直的，虽然人类总是如此建造。柱子的天性就是倾斜的，我们需要研究的不过是它们可能达到的倾斜程度。

在设计神圣家族大教堂时，高迪进一步发展了这一试验方法。在这个规模更为巨大的教堂设计中，高迪将编织成网的绳子挂在顶棚上，再在下面系上砂袋（每个小砂袋重100g，每次系上的砂袋数量不一），以便使用这种结构模型来模拟穹顶的力线，以及支撑它们的石柱。然后，设计师通过放置在模型下面的一面镜子，开始观察这个复杂的组合造型的效果。在确定了屋顶曲面的曲度和组合方式以后，他再用刚性材料将整个结构造型重新做一遍，不过是上下颠倒地来做——这就是建筑物内部穹顶的承重模型了（图4-63）。

这是一个简单、实用，免去了繁复计算的实验，但却能帮助设计师将复杂的形式与合理的结构融会贯通，完成了一个似乎不可能完成的任务。毋庸置疑，在那个没有计算机的年代里，这个双曲线抛面的结构堪称奇迹。为此，高迪也在神圣家族大教堂的结构设计上付出了10年以上的辛勤耕耘。

这种试验法本身就表现了高迪对自然法则的深切领悟。德国哲学家莱布尼兹（1646—1716）曾总结道：自然界总是以最小的成本去获取最大的效益，而从来不会用麻烦和困难的方法去做那些本来可以用简易的方法就能完成的事情。高迪首次将这一抽象的原则应用于建筑领域，并成功地展现了这一自

● 图4-63　悬索模型（神圣家族大教堂）

在作出结构计算时，高迪根据小砂袋的重量确定各点的荷载，推断出恰当的屋顶重量，以及每棵柱子的承重，然后根据它们确定柱子的直径和高度，等等。在造型设计方面，高迪在悬索模型下放一面镜子，以便随时从镜面中观察这个反向模型的倒像。多亏了高迪的助手维拉卢比亚保存的照片，我们才得以目睹建筑史上这一不可多得的奇观

然的结构造型原则的意义：它不仅向我们提供实际的用途和功效，还创造美学感受。站在时代的转折点上，高迪通过自己的作品告诫大家，建筑思想的新出路只能在大自然中去寻求：大自然有无穷的造型，它们是那样美丽精粹，俯拾可得。

从高迪的故事中，我们也可以体会出艺术家与建筑师的本质区别所在。高迪不仅是一个天才的艺术家，更是一个伟大的建筑家。因为他非常关注具体施工方法，并依据这些方法来确定最后的设计——这与自然的造物法则也是一脉相承的。他选择曲线形表面是因为模板和泥瓦工可以很轻易地施工❶。双曲线和双抛物面都是规则面，而且很容易利用钢结构直杆加固处理，这反而导致了相当经济的造价——这个营造结果无疑再次让我们大吃一惊。这种超越时代的结构设计也折射出高迪极高的工程学修养。高迪在新形式和新材料领域的超前眼光，以及对实验应变和应力的复杂模型的使用，是我们

---

❶　15世纪的建筑体系，可将2～3层砖用灰浆粘在一起，形成薄拱。高迪用这种办法建筑双曲抛物面或双曲面拱，创造了全新雕塑造型。

这个时代的工程建筑师都很难做到的。

◆ 沙里宁的白鸟航站楼

1962年，当纽约肯尼迪机场的TWA航站楼轻盈地呈现于世人面前的时候，人们都被这只洁白舒展的大鸟打动了（图4-64）。建筑采用了富有雕塑动感的曲线混凝土造型，有着如飞鸟般的外形，以及梦幻般的内部空间，令钢筋混凝土的表现力提高到很高的水准，成为现代技术与现代精神的象征。

● 图4-64　TWA航站楼（小沙里宁，1962）

据航站楼的建筑师沙里宁的回忆，航站楼的诞生还多亏了电脑的发明。如果没有电脑，那么复杂的结构计算几乎是人力无法企及的。不过更富传奇色彩的是它的造型设计的由来：当建筑师将相关的设计要求输入电脑以后，经过复杂的结构计算，电脑所提供的结果令所有人都震惊了：出现在人们面前的犹如一只即将展翅飞翔的大鹏。

不过，如果高迪看到了这种计算结果，一定不会感到惊讶。他早就发现，对于天然存在而言，一切美丽和合理性都在牛顿力学的预设之中；这些经过数千年才完善起来的自然结构才是真正的明智之举。

对此，美国现代数学家、建筑师和工程师富勒也有过类似的感想："当我在解决一个问题的时候我从没想到过美，只是想如何解决问题。但是当我完成了工作以后，如果结果不是美的，我知道一定有什么地方弄错了。"

思考题

1. 分析维特鲁威人身体各部分细节（如五官、四肢等）的比例关系。
2. 试分析卡比多广场建筑立面（包括门窗洞口的位置）的比例关系。
3. 抽取马赛公寓立面的2～3个单元，结合模度系统对它们进行比例分析。
4. 试分析在北京旧城中，中轴线及周边原有建筑的比例关系。
5. 在空间布局方面，正五边形模式与正六边形模式有什么区别？
6. 任选一种植物，从它的叶片中归纳出一种几何模式。
7. 对比观察一棵树的主干与旁枝，说出它们在几何结构上有什么异同。

参考文献

[1] 理查德·帕多万著. 比例——科学·哲学·建筑 [M]. 周玉鹏等译. 北京：中国建筑工业出版社，2005.
[2] 休·奥尔德西-威廉斯. 当代仿生建筑 [M]. 卢昀伟等译. 大连：大连理工大学出版社，2004.
[3] 库克. 生命的曲线 [M]. 周秋麟等译. 长春：吉林人民出版社，2000.

参 考 文 献

[1] 谢培青等. 画法几何与阴影透视 [M]. 北京：中国建筑工业出版社，1998.

[2] 金方. 建筑制图 [M]. 北京：中国建筑工业出版社，2005.

[3] 法兰西斯·金. 设计图学 [M]. 林贞吟译. 台北：艺术家出版社，2006.

[4] M·萨利赫·乌丁. 建筑三维构图技法 [M]. 陆卫东译. 北京：中国建筑工业出版社，1998.

[5] 麦加里. 美国建筑画选马克笔的魅力 [M]. 白晨曦译. 北京：中国建筑工业出版社，1996.

[6] 诺曼·克罗. 建筑师与设计师视觉笔记 [M]. 吴宇江译. 北京：中国建筑工业出版社，1999.

[7] 托马斯·韦尔斯·沙勒. 建筑画的艺术：创作与技法 [M]. 舒楠等译. 北京：中国建筑工业出版社，1998.

[8] 周正楠. 空间形体表达基础 [M]. 北京：清华大学出版社，2005.

[9] 萨法多瑞. 建筑结构 [M]. 林建业译. 台北：科技图书公司，1983.

[10] 彼得·绍拉帕耶. 当代建筑与数字化设计 [M]. 吴晓等译. 北京：中国建筑工业出版社，2007.

[11] 理查德·帕多万著. 比例——科学·哲学·建筑 [M]. 周玉鹏等译. 北京：中国建筑工业出版社，2005.

[12] 金伯利·伊拉姆. 设计几何学：关于比例与构成的研究 [M]. 李乐山译. 北京：中国水利水电出版社，2003.

[13] 马里奥·利维奥. ϕ的故事：解读黄金比例 [M]. 刘军译. 长春：长春出版社，2003.

[14] 库克. 生命的曲线 [M]. 周秋麟等译. 长春：吉林人民出版社，2000.

[15] William Kirby Lockard Design Drawing [M]. New York：Norton，2001.

[16] Lain Fraser. Envisioning Architecture：an Analysis of Drawing [M]. New York：Van Nostrand Reinhold，1994.

[17] Visual Thinking For Architects And Designers：Visualizing Context In Design [M]. Ron Kasprisin. New York：Van Nostrand Reinhold. 1995.

[18] überarb. Aufl. Architektur und Harmonie：Zahl, Mass und Proportion in der abendländischen Baukunst. [M]. Köln：DuMont，1995.

[19] György Doczi. The Power of Limits：Proportional Harmonies in Nature, Art, and Architecture [M]. Boston：Shambhala Publications，1994.

[20] Bill Lacy. 100 Contemporary Architects：drawings & Sketches [M]. New York：H. N. Abrams，1991.

后 记

建筑学专业本科一年级的"设计几何"是在原来的"画法几何与阴影透视"课的基础上经调整改进后开设的新课。画法几何一直是建筑学专业的传统课程，其宗旨是讲解三维空间造型的二维表达原理，因而是一门名副其实的基础课。

随着计算机科技的迅速发展，计算机辅助设计工具令二维图纸（特别是透视）的绘制更加准确、快捷。现在，无论你面临的是多么复杂的造型（包括不规则的曲线造型），一经输入数据，电脑就可以建立起一个环境模型（包括光影的效果），然后你就可以随意调整观看角度与焦距；虚拟现实技术甚至能够在建筑建成之前就让你漫步其中，依照个人的喜好来选择路径与视点。与传统单一视点的透视投影方法相比较，这些技术显然更能发挥和提升设计者对方案的控制能力。在这种背景下，建筑设计对画法几何课程教学的期望改变了。一方面，在空间构成、透视绘制等方面，以往对建筑师的要求是精确绘制，现在则更强调根据直觉快速草绘。另一方面，建筑设计对设计者本人的空间想象能力的要求大大提高了。

为了达到上述目的，课程在保留投影、透视等相关几何内容的同时，力求在更广阔的视野中探讨设计与几何的关系，以便让该课程更贴近建筑设计的实际需要；就课堂教学本身而言，"设计几何"不仅旨在培养建筑专业学生必备的三维表达能力，还希望利用几何特有的严密思维逻辑，提高他们的空间想象与设计能力。

因此，在课程教学内容的组织上，本教材在空间形体相交、阴影透视等传统部分降低了精确图解计算的训练难度，转而强调空间思维与直觉的培养。所谓直觉，应该是通过大量阅读、体验，以及举一反三的堂上、堂下运用（包括练习）而建立起来的近似本能的能力。为达此目的，我们一方面不否定计算机在设计表达方面的诸多优势，另一方面绝不放弃和低估徒手绘这一传统的训练内容（一个简单的理由是：在初步设计阶段，用计算机来绘制简单的概念性草图通常不及徒手画灵活，且耗时良多）。为此，本教材新增了几何方法的介绍，以激发学生的空间想象能力，鼓励他们到生活中去观察、发掘各种造型的几何之美，从而达到扩展设计思维与视野的总体目标。

本书的内容包括建立在画法几何基础上的空间形体构想，正视图、轴测图和透视图的绘制原理、建筑制图的规范与应用，以及造型与结构的几何研究三部分内容，较为全面地涵盖了建筑师在设计时所需的基础几何知识，可作为高等院校建筑学专业、城市规划等专业的教材或参考书。由于各院校所安排的画法几何课程的课时不尽相同，教师可以根据本校的需要灵活使用本教材，包括安排学生自学某些章节。本书各章节后都附有练习题，以帮助学生巩固所学内容。

本教材在编著过程中，承蒙中央美术学院建筑学院吕品晶教授对本书的内容与组织方式提出诸多宝贵意见，并帮助确定了书名；在本课程的改良与新教材的编著中，笔者还得到中央美术学院建筑学院许多老师的启发和支持，在此一并表示衷心的感谢。

本教材在许多方面都是全新的尝试，存在疏漏在所难免，希望专家与同行不吝赐教，以便教材的不断改进。